THÈSES

PRÉSENTÉES

A LA FACULTÉ DES SCIENCES DE PARIS

POUR OBTENIR

LE GRADE DE DOCTEUR ÈS SCIENCES NATURELLES,

PAR

M. Jacques DE LAPPARENT,

Préparateur de Minéralogie à la Faculté des Sciences
et à l'École supérieure des Mines.

1re **THÈSE**. — ÉTUDE COMPARATIVE DE QUELQUES PORPHYROÏDES FRANÇAISES.

2e **THÈSE**. — PROPOSITIONS DONNÉES PAR LA FACULTÉ.

Soutenues le 19 juin 1909, devant la Commission d'Examen.

MM. DASTRE,   *Président.*
WALLERANT.
MOLLIARD,   *Examinateurs.*

PARIS,

GAUTHIER-VILLARS, IMPRIMEUR-LIBRAIRE

DU BUREAU DES LONGITUDES, DE L'ÉCOLE POLYTECHNIQUE,

Quai des Grands-Augustins, 55

1909

FACULTÉ DES SCIENCES DE L'UNIVERSITÉ DE PARIS.

MM.

Doyen	P. APPELL, Professeur ..	Mécanique rationnelle.
Doyen honoraire	G. DARBOUX	Géométrie supérieure.
Professeurs honoraires.	L. TROOST. Ch. WOLF. J. KIBAN.	
	LIPPMANN	Physique.
	BOUTY	Physique.
	BOUSSINESQ	Physique mathématique et Calcul des probabilités.
	PICARD	Analyse supérieure et Algèbre sup.
	H. POINCARÉ	Astronomie mathématique et Mécanique céleste.
	Y. DELAGE	Zoologie, Anatomie, Physiol. compar.
	G. BONNIER	Botanique.
	DASTRE	Physiologie.
	KŒNIGS	Mécanique phys. et expérimentale.
	VÉLAIN	Géographie physique.
	GOURSAT	Calcul différentiel et Calcul intégral.
	CHATIN	Histologie.
	PELLAT	Physique.
	HALLER	Chimie organique.
Professeurs	JOANNIS	Chimie (Enseignement P. C. N.).
	JANET	Physique.
	WALLERANT	Minéralogie.
	ANDOYER	Astronomie physique.
	PAINLEVÉ	Mathématiques générales.
	HAUG	Géologie.
	TANNERY	Calcul différentiel et Calcul intégral.
	RAFFY	Applicat. de l'Analyse à la Géométrie.
	HOUSSAY	Zoologie.
	H. LE CHATELIER	Chimie.
	G. BERTRAND	Chimie biologique.
	Mme P. CURIE	Physique générale.
	CAULLERY	Zool. (Évolution des êtres organisés).
	C. CHABRIÉ	Chimie appliquée.
	G. URBAIN	Chimie.
	N	Zoologie, Anatomie, Physiol. comp.
	PUISEUX	Mécanique et Astronomie.
	LEDUC	Physique.
	HADAMARD	Calcul différentiel et Calcul intégral.
Professeurs adjoints ...	MATRUCHOT	Botanique.
	MICHEL	Minéralogie.
	BOUVEAULT	Chimie organique.
	BOREL	Théorie des fonctions.
	G. PRUVOT	Anatomie comparée.
Secrétaire	A. GUILLET.	

43526   Paris.   Imprimerie Gauthier-Villars, 55, quai des Grands-Augustins.

A

Monsieur WALLERANT,

DE L'ACADÉMIE DES SCIENCES,

PROFESSEUR A LA SORBONNE.

Témoignage de respectueuse reconnaissance.

TABLE DES MATIÈRES.

	Pages.
INTRODUCTION	1

PREMIÈRE PARTIE.

CHAPITRE PREMIER. — *Porphyroïdes de la vallée de la Meuse.*

I. Historique de la question	5
II. Variétés des porphyroïdes	9
III. Divisions basées sur les phénocristaux	10
IV. Nature de la pâte	11
V. Contact des porphyroïdes	13
VI. Étude d'une apophyse issue de la porphyroïde au gisement des Dames de Meuse	16
VII. Remarques sur les enclaves des porphyroïdes des gîtes de Mairus	19
VIII. Conclusions	21

CHAPITRE II. — *Porphyroïde de Genis (Corrèze).*

I. Phénocristaux	22
II. Pâte	23
III. Modifications secondaires de la pâte	23
IV. Conditions de gisement et origine	23

CHAPITRE III. — *La blaviérite de la Mayenne.*

I. Description macroscopique	25
II. Examen microscopique	26
III. Origine de la blaviérite	28
IV. Causes de la production de la séricite dans la pâte de la blaviérite	31
V. Nature chimique de la pâte	31
VI. Conclusions	33

CHAPITRE IV. — *Porphyroïde de Mareuil-sur-le-Lay (Vendée).*

Pages.

I. Type du calvaire de Mareuil............................. 34
II. Type de Champ-Saint-Père............................. 37
III. Type de bordure du massif............................. 38
IV. Conclusions... 39

CHAPITRE V. — *Porphyroïdes de la Châtaigneraie-Puybelliard (Vendée).*

I. Division et description................................. 40
II. Origine... 43
III. Remarque sur les filons de quartz de la Châtaigneraie...... 44

CHAPITRE VI. — *Porphyroïde de Saint-Pierre-du-Chemin (Vendée).*

I. Structure... 45
II. Minéraux constitutifs................................. 45
III. Conclusions.. 47

CHAPITRE VII. — *Porphyroïde de Ligugé.*

I. Examen macroscopique................................. 48
II. Examen microscopique................................. 49
III. Origine.. 49

CHAPITRE VIII. — *Étude de quelques autres porphyroïdes.*

I. Porphyroïdes de Gonarec (Bretagne)..................... 52
II. Porphyroïdes du bassin d'Ancenis...................... 54

CHAPITRE IX. — *Conclusions relatives aux porphyroïdes étudiées.*

I. Diversité de leur origine............................... 55
II. Caractères de la séricite.............................. 56
III. Origine de la séricite................................ 56
IV. Réponse à quelques objections......................... 59
V. Conditions de la transformation d'un plagioclase en séricite. 62
VI. Autre mode de production de la séricite................ 65
VII. Classification des porphyroïdes....................... 66
VIII. Extension de la question............................. 67

SECONDE PARTIE.

CHAPITRE PREMIER. — *Étude spéciale des microgranites ardennais.*

Pages.

I. Association du microcline et de l'albite 70

II. Ancienneté des microclines 72

III. Instabilité des microlines 73

IV. Étude spéciale de l'albitisation 76

V. Étude de la pâte des microgranites ardennais 81

CHAPITRE II. — *Étude chimique des microgranites ardennais.*

I. Division 82

II. Analyses 83

III. Remarques sur ces analyses 86

IV. Autres remarques sur les analyses 89

CHAPITRE III. — *Cas de la porphyroïde (microgranite) de Genis (Corrèze).*

I. Division 91

II. Nature des phénocristaux 91

III. Nature de la pâte 92

IV. Ancienneté du phénomène d'albitisation 93

V. Étude chimique 93

VI. Conclusions 95

CHAPITRE IV. — *Autres exemples d'albitisation des Microclines.*

I. Porphyroïdes (microgranites) de la Châtaigneraie. Puy-belliard (Vendée) 95

II. Porphyre de Sillé-le-Guillaume 97

III. Roches de Jersey 98

IV. Kératophyres allemands 99

V. Cas des contacts granitiques 101

CHAPITRE V. — *Action des microgranites (porphyroïdes) ardennais sur leurs salbandes.*

I. Nature des salbandes 102

II. Action sur les diabases 103

III. Actions sur les schistes 106

Pages.

IV. Différence entre les productions métamorphiques du gîte des
   Dames de Meuse et du gîte des forges de Mairus........ 107
V. Caractères chimiques des actions de contact des microgranites
   ardennais... 107
VI. Comparaison des diabases à phénocristaux de quartz et
   d'albite de la vallée de la Meuse avec d'autres roches
   massives.. 109

CHAPITRE VI. — *Étude des enclaves des microgranites ardennais.*

   I. Divisions... 112
   II. Origine des enclaves............................. 114
   III. Nature de la roche mère de l'enclave............ 115

CHAPITRE VII. — *Conclusions relatives aux microgranites
du type de la vallée de la Meuse.*

   I. Caractéristiques.................................. 118
   II. Place de ces microgranites dans la classification. 119
   III. Origine des microgranites non calciques........ 120
   IV. Évolution de la cristallisation des microgranites non calciques. 122
   V. Actions exomorphes des microgranites non calciques...... 124
   VI. Marche de l'altération des microgranites non calciques.... 125

RÉSUMÉ... 127

PREMIÈRE THÈSE.

ÉTUDE COMPARATIVE

DE QUELQUES

PORPHYROÏDES FRANÇAISES.

INTRODUCTION.

Les géologues ont appelé *porphyroïdes* des roches schisteuses à texture porphyrique contenant des cristaux de quartz et de feldspath.

Ces roches sont le plus souvent interstratifiées dans des massifs de schistes.

Par la structure et la composition de leur pâte, les porphyroïdes se rapprochent des terrains sédimentaires ; par la présence des éléments cristallisés qu'elles contiennent, elles ont des affinités avec les terrains éruptifs. Aussi bien, les différents observateurs, suivant les caractères qui les frappèrent, ont fait des porphyroïdes les uns des roches sédimentaires, d'autres des roches éruptives ; quelques-uns ont indiqué la possibilité de leur origine métamorphique.

Toutes ces roches d'ailleurs ont donné lieu à de très longues discussions. Sur les plus célèbres d'entre elles, celles qui du moins constituent le type des porphyroïdes françaises, les porphyres de la vallée de la Meuse, la sagacité individuelle ou collective des géologues s'est émoussée sans que leurs controverses les aient amenés en fin de compte à une entente complète.

C'est que à première vue toutes les porphyroïdes ont des caractères d'étroite parenté. Elles ont toujours la même structure, une composition minéralogique très analogue, presque toujours le même mode de gisement. Aussi ne peut-on s'étonner que les premiers observateurs aient été tentés de les réunir en une classe spéciale de roche et de chercher une explication commune de leur origine.

S'il existe actuellement une question des porphyroïdes, c'est probablement parce que la question s'est trouvée posée aux débuts mêmes des recherches pétrographiques, alors que l'étude des caractères extérieurs n'était guère que le seul mode d'investigation à la disposition des pétrographes. Aujourd'hui la facilité de la détermination au microscope permettant la différenciation rapide des échantillons, les caractères extérieurs paraissent secondaires ou tout au moins ne sont plus considérés comme un élément suffisant de classification. C'est maintenant un fait admis que des roches d'origines différentes peuvent offrir le même aspect, et c'est précisément cette constatation, si elle avait été faite autrefois, qui eût empêché l'éclosion de la question.

D'un autre côté, la localisation des études des observateurs et leurs idées théoriques différentes ont contribué à créer dans la classification des porphyroïdes une véritable confusion.

Il y a toujours eu plusieurs courants d'opinion très marqués au sujet de l'origine des porphyroïdes ; et maintenant encore toutes les opinions émises ont leurs partisans.

En Allemagne, où la question a été traitée il y a longtemps déjà avec une certaine ampleur par Lossen, qui voyait dans les porphyroïdes des roches métamorphiques, on considère généralement maintenant avec Rosenbuch que ce sont le plus souvent des roches éruptives de la famille des porphyres quartzifères, laves ou tufs modifiés par actions mécaniques.

En France, beaucoup d'observateurs tiennent pour l'origine métamorphique : les porphyroïdes étant, à leur avis, le résultat du métamorphisme produit sur des schistes par des venues profondes de microgranites (de granophyres, comme on dit parfois). Le dernier terme de ces roches métamorphisées serait la blaviérite.

Quelques autres observateurs ont, au contraire, des idées voisines de celles de l'école allemande.

Enfin, pour beaucoup de géologues de notre époque, la question porphyroïde ne se pose pas. Des roches qu'on aurait, il y a quelque temps, classées comme porphyroïdes sont immédiatement rapportées aux types dont elles dérivent.

Toutes les roches dont il est question dans ce travail sont depuis longtemps connues; presque toutes ont été décrites, au moins succinctement, soit dans les Notices explicatives des Cartes géologiques sur lesquelles elles sont signalées, soit dans des études d'ordre stratigraphique relatives à leur pays d'origine.

Je n'ai donc pas cherché de nouvelles porphyroïdes; je me suis borné à étudier les plus typiques d'entre elles, dans des régions différentes, uniquement en France cependant.

Déterminer avec autant de précision et de simplicité que possible leurs caractères d'identité, exposer en quoi elles diffèrent, conclure sur leur origine d'après l'examen pétrographique et l'observation géologique, rechercher la cause de leur similitude extérieure, tel a été tout d'abord mon but.

La première Partie de ce travail étant avant tout consacrée au caractère porphyroïde des roches étudiées, je me suis occupé dans la seconde Partie de l'étude pétrographique et chimique de quelques-uns des types considérés, laissant de côté toute question de modifications secondaires.

Mon attention ayant surtout été attirée par un phénomène spécial commun à beaucoup de porphyroïdes, mais qui ne résulte pas cependant de ce caractère, j'ai cru devoir diviser ainsi mon travail. Bien qu'il y perde en unité, cela m'a facilité l'essai synthétique que j'ai tenté de faire.

Outre l'idée même de ce sujet d'étude, je dois à M. Wallerant la possibilité d'avoir pu l'entreprendre. Une très grande liberté de travail jointe à une direction éclairée toujours discrètement donnée sont d'inappréciables avantages dont j'ai pu, grâce à lui, profiter pendant 4 ans déjà au Laboratoire de Minéralogie de la Sorbonne. Qu'il me permette de lui en exprimer ici toute ma respectueuse gratitude.

Sur bien des points, M. Lacroix a facilité ma tâche en mettant à ma disposition, avec son inlassable complaisance, les ressources de son Laboratoire du Muséum, ce dont je ne saurais assez le remercier.

M. Michel m'a obligeamment guidé dans mes premiers essais d'analyse chimique des roches.

M. Barrois et M. Welsch ont bien voulu venir l'un et l'autre à mon aide en me communiquant d'intéressants échantillons.

Enfin, je prie M. et Mme Œhlert, qui m'ont fait visiter eux-mêmes les principaux affleurements de la blaviérite de la Mayenne et qui savent joindre tant de connaissances approfondies à une si large hospitalité, d'agréer l'expression de ma bien vive reconnaissance.

PREMIÈRE PARTIE.

CHAPITRE PREMIER.

PORPHYROIDES DE LA VALLÉE DE LA MEUSE.

I. — Historique de la question.

Coquebert de Montbret signale en 1804, dans le *Journal des Mines,* les roches dont nous allons nous occuper. La première relation descriptive paraît en 1811, dans le même *Journal des Mines.* Elle est de d'Omalius d'Halloy. Il parle d'une roche qui lui semble *très curieuse* et en cite trois modifications principales qu'on trouve à Deville et à Laifour. Ce sont des modifications de structure qui marquent le passage *à un schiste grossier* d'une roche *non sensiblement feuilletée.* Il remarque que les couches de cette roche et les ardoises environnantes ont même disposition.

Dès cette époque, trois faits très importants paraissent acquis :

1° L'existence d'une variété massive de ces roches ;
2° L'existence de termes de passage entre cette variété et les schistes voisins ;
3° L'interstratification des roches en question.

Mais c'est seulement en 1835 que se pose la question de leur origine. Cette année la Société géologique tient à Mézières sa réunion extraordinaire, en même temps que pa-

raît la deuxième édition des *Éléments de Géologie* de
d'Omalius d'Halloy.

Dans son Livre, d'Omalius d'Halloy met les roches de la
vallée de la Meuse sous la rubrique : *Roches porphyroïdes,* et
les considère comme appartenant au groupe porphyrique.

La réunion de la Société géologique met aux prises Constant Prévost, Buckland et d'Omalius d'Halloy. La discussion
s'engage : d'Omalius attribue à la roche porphyrique de
Mairus, près Deville, une origine plutonienne ; Buckland la
croit sédimentaire et contemporaine du terrain ardoisier. Le
premier s'appuie sur la netteté des feldspaths et l'absence
de roches préexistantes d'où proviendraient les éléments
d'un conglomérat. Buckland répond que l'on trouve des
feldspaths à arêtes vives dans le Millstone Great de Lancaster
et que les cristaux peuvent avoir été arrachés à un porphyre
dont la pâte feldspathique est détruite.

La majeure partie des excursionnistes se range à l'opinion
de Buckland.

On constate aussi que la pâte de la roche prend une structure de plus en plus schisteuse en même temps que les feldspaths y deviennent de moins en moins abondants.

Survient Élie de Beaumont (1841). Il pense que les nombreuses discussions auxquelles ces roches porphyroïdes ont
donné lieu « ne se termineront que lorsqu'on aura trouvé le
moyen de leur adapter complétement l'ingénieuse et flexible
théorie du métamorphisme ! »

A ce moment, il y a trois hypothèses en présence : ces porphyroïdes sont soit des roches sédimentaires, soit des roches
éruptives, soit des roches métamorphiques.

En 1848 paraît le Mémoire de Dumont sur les terrains ardennais et rhénans. Il distingue parmi les roches de la
vallée de la Meuse l'hyalophyre, la diorite chloritifère, l'albite chloritifère et l'albite phylladifère qui sont, dit-il,

injectés dans les joints de stratification et ont transformé le phyllade simple en phyllade subcompact, albiteux ou calcaireux.

En 1874, Dewalque précise que l'hyalophyre massif et l'albite chloritifère ne peuvent être injectés dans une fente; ils doivent, pour lui, résulter d'éruptions sous-marines. De sorte que, parmi les partisans de l'origine éruptive, les uns croient avoir affaire à une lave, les autres à une roche intrusive.

Daubrée, en 1876, combat la nécessité de l'origine sédimentaire pour les roches schisteuses et s'appuie sur le passage complet du porphyre au schiste signalé par von Dechen en Westphalie dans la contrée de la Lenne.

La même année paraît le Mémoire de La Vallée-Poussin et Renard. A la suite d'une étude minutieuse des porphyroïdes et des roches vertes de la vallée de la Meuse, ils arrivent à la conclusion que les porphyroïdes ont cristallisé sur place, au fond de la mer, peu après la sédimentation et lorsque les matériaux étaient encore plastiques. C'est, à tout prendre, l'hypothèse métamorphique.

En 1883, nouvelle réunion de la Société géologique en Ardennes. Renard abandonne les conclusions de son Mémoire. Il admet la modification par actions mécaniques des roches massives; mais, tandis que von Lasaulx tient les porphyroïdes pour des masses intrusives, il les considère comme des coulées.

Cette même année, M. C. Barrois, dans les *Annales de la Société géologique du Nord*, parle des porphyroïdes ardennais et les classe comme « sédiments (schistes ou arkoses) métamorphisés non seulement par contact, mais bien par injection des éléments du granite ». Et dans une Note plus récente (1903), où il étudie quelques enclaves de ces porphyroïdes, il est d'avis que la nature de ces enclaves « se trouve d'accord avec l'hypothèse qui considère les porphyroïdes comme des apophyses de masses granitiques restées en profondeur.

L'hypothèse neptunienne à laquelle étaient gagnés les participants de l'excursion de 1835 est donc aujourd'hui complètement abandonnée. Tout le monde admet l'origine éruptive des porphyroïdes de la vallée de la Meuse; mais tandis que les uns, et parmi eux M. Gosselet, les tiennent pour des laves, les autres penchent pour l'origine métamorphique ou intrusive suivant les gisements. De plus, une nouvelle question se pose : celle de l'origine profonde de ces porphyroïdes.

Après la publication du Mémoire de La Vallée-Poussin et Renard sur les roches plutoniennes du Brabant et de la Belgique, dans lequel d'importants Chapitres ont pour sujet les porphyroïdes de la vallée de la Meuse, il peut sembler téméraire d'oser en reprendre l'étude.

Pour beaucoup de raisons cependant nous nous y sommes crus autorisés. D'abord parce que depuis l'époque où parut cet Ouvrage, les études microscopiques ont fait de grands progrès. Renard et La Vallée-Poussin n'avaient à leur disposition que des plaques de forte épaisseur qui ne favorisaient pas, malgré toute la perspicacité des auteurs, une acuité d'observation comparable à celle que l'emploi des plaques ultra-minces permet aujourd'hui d'atteindre. Ensuite par la nature même des conclusions de leur étude ; conclusions étranges, basées sur une multitude de faits relatés avec précision dans le cours des Chapitres, et cependant conclusions en contradiction avec les idées que Renard exprimait ultérieurement devant la Société géologique.

De plus, l'importance trop grande attribuée à des phéno-

mêmes purement accessoires a fait naître certaines légendes
qu'il nous a paru nécessaire de détruire par une rigoureuse
mise au point des faits.

Enfin, bien qu'aujourd'hui, en dépit des argumentations
et malgré elles ce que nous considérons comme la vérité se
soit fait jour, il reste encore à répondre à de sérieuses objections posées dès l'origine.

II. — Variétés des porphyroïdes.

C'est sur le gisement des forges de Mairus, près Deville
(gîte 1 de M. Gosselet) que s'est surtout concentrée l'attention
des géologues. On y trouve l'hyalophyre massif, l'hyalophyre
schistoïde et l'albite phylladifère de Dumont.

La variété massive est un magnifique porphyre à gros
cristaux de microcline atteignant souvent 10^{cm} de plus grand
diamètre et à phénocristaux plus petits d'albite et de quartz,
répartis dans une pâte gris foncé.

La variété schistoïde contient les mêmes éléments, mais les
phénocristaux de microcline sont brisés et fragmentés, et les
quartz sont étirés ; la pâte est toujours gris foncé, mais
schisteuse. Cette variété constitue le type des porphyroïdes
ardennaises.

Elle confine à l'albite chloritifère dont la pâte, également
schisteuse, est gris verdâtre et qui contient encore quelques
cristaux d'albite et de quartz, mais plus du tout de microcline.

Actuellement le mur de soutènement de la voie du chemin
de fer cache les contacts directs de l'albite chloritifère avec
les schistes. Cependant on trouve çà et là des blocs d'une
roche schisteuse grise contenant quelques cristaux de quartz.
On peut facilement concevoir le passage de ce dernier terme
au phyllade sériciteux ordinaire ; on l'observe d'ailleurs

dans la tranchée même du chemin de fer (gîte 2 de M. Gosselet).

J'insiste sur le fait que ce gisement contient un type massif et un type schisteux de composition minéralogique identique. Je distinguerai dans la suite plusieurs types de porphyroïdes, choisis dans les différents gisements de la vallée, mais toujours on trouve les équivalents massifs et schisteux de ces types.

Si actuellement il règne la légende que la caractéristique des roches porphyroïdes de la vallée de la Meuse est d'être schisteuses, c'est que le caractère schisteux est celui qui tout d'abord a frappé les observateurs, leur a paru le plus inexplicable et sur lequel ils ont concentré toutes leurs discussions.

La chance d'ailleurs les avait mal servis en les faisant tomber, aux forges de Mairus, sur un des gisements qui présentent le maximum de complication. On peut en juger : des cristaux de microcline qui paraissent roulés, une pâte qui avec les idées de l'époque est caractéristique d'un sédiment ; à côté de cela des cristaux d'albite à arêtes vives et une variété de pâte qui a la dureté de celle d'un porphyre ; et en plus une roche exceptionnelle, l'albite chloritifère, à laquelle, semble-t-il, passe la porphyroïde et qui elle-même passe au phyllade franc : c'est plus qu'il n'en faut pour obscurcir la question.

III. — Divisions basées sur les phénocristaux.

Sans tenir compte de la texture de la pâte des porphyroïdes, nous établirons deux principales divisions :

1º Porphyroïdes à phénocristaux de microcline ;
2º Porphyroïdes sans phénocristaux de microcline.

Les premières sont bien caractérisées à Mairus (gîte 1, 2 et 3 de Gosselet), aux Dames de Meuse (gîte 13 de Gosselet) et dans les gisements de la vallée de la Commune. Les gisements les plus typiques des secondes sont le gîte 5; les gîtes en aval de Laifour jusqu'au gîte 13 qui en contient également. On trouve souvent les deux variétés dans le même gisement.

Tous les échantillons contiennent des cristaux d'albite et de quartz.

Dans la première division le gîte des forges de Mairus (gîte 1) mérite une mention spéciale, à cause de la taille des cristaux de microcline. Certains d'entre eux atteignent la grosseur du poing. Ailleurs ils sont beaucoup plus petits : aux Dames de Meuse et au ravin de Mairus, ils ont en général la taille des cristaux d'albite; on en trouve cependant qui ont de 3^{cm} à 4^{cm} de diamètre.

Quel que soit le gisement d'ailleurs, pour un volume donné de roche assez grand s'il le faut les proportions relatives des deux espèces de feldspaths sont les mêmes.

IV. — Nature de la pâte.

La pâte de toutes ces porphyroïdes est composée d'un mélange de biotite, de quartz et d'albite; quelques-unes contiennent en plus de la muscovite; beaucoup sont sériciteuses. La couleur varie suivant l'élément dominant :

Aux forges de Mairus, où la biotite est abondante, la pâte est gris noirâtre. Sur la rive gauche de la Meuse, au ravin de Mairus (gîte 3) et en certains points des Dames de Meuse (gîte 13); sur la rive droite, aux gîtes 7 et 10, la pâte, très riche en mica blanc, est blanchâtre. Du côté du barrage de Laifour (rive gauche) et au gîte 5 (face à la vallée de la Commune) la biotite est transformée en chlorite; la pâte est alors gris clair.

Toutes les variétés schisteuses ont un aspect plus ou moins lustré, dû à la présence de lamelles de séricite réparties sur les surfaces parallèles qui constituent les plans de schistosités de la roche.

Cette séricite est secondaire et l'époque de sa production appartient à la période de métasomatose de la roche. En effet, tout d'abord il ne peut échapper au simple examen à l'œil nu que plus la roche est schisteuse, plus les phénocristaux de microcline, quand ils existent, sont brisés. L'examen microscopique montre d'ailleurs que dans ce cas les cristaux d'albite eux-mêmes sont brisés et que les quartz présentent des extinctions onduleuses. Or on trouve souvent des lamelles de séricite entre deux morceaux d'un même cristal.

La séricite n'est pas contemporaine du phénomène cataclastique; c'est-à-dire qu'elle n'est pas un minéral de transformation dynamométamorphique, car elle apparaît au sein de phénocristaux non brisés d'albite comme dans la pâte et on la trouve également dans des variétés qui n'ont pas subi de phénomènes dynamiques.

C'est un produit d'altération : nous avons vu que le seul feldspath entrant dans la constitution de la pâte de ces porphyroïdes était l'albite. Or toutes les analyses de séricite en font un mica potassique. D'autre part, quand il existe ensemble dans la roche du microcline et de l'albite, la séricite apparaît dans l'albite et non dans le microcline. Dans ce cas, pourtant, le microline est très altéré; il est presque opaque en lumière naturelle, complétement trouble en lumière polarisée.

La séricite est beaucoup plus abondante dans les variétés de porphyroïdes à microcline que dans celles qui n'en contiennent pas. Il y a cependant des variétés sans feldspaths potassiques qui sont sériciteuses. Dans ce cas il y a lieu de remarquer que les biotites sont transformées en chlorites,

On sait que les biotites sont des minéraux potassiques; on peut donc penser que ce sont elles qui ont fourni la potasse nécessaire pour la formation de la séricite.

L'état d'altération des biotites est différent suivant que l'on considère les variétés de porphyroïdes à microcline ou les variétés sans microcline. Dans les premières les biotites sont fraîches ou tout au moins peu altérées; dans les secondes elles sont toujours transformées en chlorites.

En d'autres termes, la biotite est instable quand coexistent avec elle seulement des feldspaths sodiques; elle est stable quand elle est en compagnie de feldspaths potassiques et sodiques. Puisque dans le second cas il peut se produire de la séricite, c'est que la potasse nécessaire à sa constitution vient des feldspaths potassiques.

De tout ce qui vient d'être dit on peut retenir : que le caractère schisteux des porphyroïdes de la vallée de la Meuse est en raison des actions dynamiques qu'elles ont subies; que la séricite qui donne à ces roches un aspect les rapprochant des sédiments voisins (schistes et ardoises) est de production secondaire.

V. — Contacts des porphyroïdes.

On a toujours admis que les porphyroïdes de la vallée de la Meuse *passaient* aux schistes encaissants; c'est-à-dire que la porphyroïde devient de plus en plus schisteuse et perd ses caractères de cristallinité quand on se rapproche des salbandes du filon.

Les Comptes rendus des réunions extraordinaires de la Société géologique en Ardennes mentionnent ce fait.

On constate dans beaucoup de cas que les variétés massives de porphyroïdes deviennent schisteuses près de leurs contacts avec les schistes encaissants, *mais jamais il n'y a passage proprement dit de la porphyroïde au schiste.*

Je ne connais pas de gisement où l'on ne puisse pas observer une surface de contact absolument nette entre porphyroïdes et schistes voisins.

Ces contacts sont bien visibles au gîte du barrage de Laifour (rive gauche) (gîte 6 de M. Gosselet), au gîte des Dames de Meuse (gîte 13), au gîte du ravin de Mairus, à la tranchée du chemin de fer (gîte 3).

Au contact immédiat les schistes sont durcis et prennent une couleur gris marron et un grain caractéristique. Le plus souvent l'état d'altération de la roche ne permet pas d'en observer davantage. Dans un cas particulier, aux Dames de Meuse, on constate dans le schiste durci la présence de grains de quartz et de quelques rares cristaux d'albite. Toutes ces roches de contact passent insensiblement à l'ardoise franche.

Au gîte des Dames de Meuse (gîte 13) l'observation du contact est rendue facile par ce fait qu'une grande partie du schiste (schiste euritique de M. Gosselet) recouvrant la porphyroïde a été enlevée. On peut observer la surface de la porphyroïde ondulée parallèlement à l'axe des plis sans qu'à cet endroit il y ait une schistosité plus marquée que dans la masse de la roche, et au-dessus, un peu en retrait, les bancs de schistes durcis, sans passage de l'une aux autres.

Les choses sont un peu plus compliquées au gîte des forges de Mairus. La porphyroïde massive du centre du filon passe insensiblement, quand on se rapproche du bord sud, à la porphyroïde schistoïde : toutes deux sont caractérisées par leurs gros cristaux de microcline.

Au contact de la porphyroïde schistoïde on trouve une roche également schisteuse qui contient, comme les porphyroïdes, des cristaux d'albite et de quartz, mais plus du tout de microcline. Cette roche (albite chloritifère de Dumont) est chloriteuse et comme la porphyroïde elle est riche en biotite.

Ce n'est pas une variété de porphyroïde : elle diffère de la porphyroïde voisine par la structure microscopique de sa pâte qui est intersertale au lieu d'être grenue et parce qu'elle contient des morceaux de ce produit d'altération des fers titanés connu sous le nom de *leucoxène* alors que la porphyroïde n'en contient pas. En outre on peut recueillir, dans le mur de soutènement de la voie du chemin de fer, des blocs d'une roche massive de même couleur que l'albite chloritifère, contenant comme elle quartz et albite en phénocristaux, mais qui n'a aucun caractère schisteux. Le microscope y décèle de l'amphibole et de la biotite et les mêmes leucoxènes que précédemment. Cette roche qu'on ne trouve plus en place provient de blocs qu'on a dû faire sauter pour l'établissement de la voie. Elle occupait par rapport à la porphyroïde une position analogue à celle de l'albite chloritifère. Abstraction faite des phénocristaux d'albite, de quartz et de la biotite, c'est une diabase. L'albite chloritifère est à cette diabase ce que la porphyroïde schisteuse est à la porphyroïde massive.

C'est donc une roche basique sur laquelle l'action de la porphyroïde s'est fait sentir, mais qui n'a avec elle aucun autre rapport immédiat d'origine.

Au simple coup d'œil il y a dans ce gisement démarcation nette entre la porphyroïde et l'albite chloritifère par suite de l'arrêt brusque du développement des microclines. On conçoit cependant parfaitement que les premiers observateurs, qui connaissaient d'autres variétés de porphyroïdes sans microclines à pâte plus claire, il est vrai, mais aussi chloriteuse, fussent facilement induits en erreur.

L'albite chloritifère marquait dans l'idée des géologues ardennais le stade entre la porphyroïde et le schiste intact. Nous venons de voir ce qu'il faut penser de son passage à la porphyroïde. Elle ne passe pas mieux au schiste que ne le font les diabases typiques de la vallée. A la vérité la diabase, celle du gisement de la Commune par exemple, exerce sur les schistes au milieu desquels elle est située une action de contact ; comme d'autre part elle n'a pas été épargnée par les actions mécaniques qui ont rendu schisteuses les porphyroïdes et que ces actions mécaniques se sont souvent fait sentir avec intensité sur la bordure du filon, il y a place entre la diabase massive et les schistes qu'elle modifie pour une diabase schisteuse, toujours fort altérée et qui semble marquer le passage de la diabase aux schistes.

C'est de cette façon que la diabase au contact de la porphyroïde de Mairus semble passer au schiste. Ce n'est là qu'une illusion.

En résumé, on peut retenir qu'entre la masse de la porphyroïde et ce qui la touche en dessus et en dessous il n'existe pas les intermédiaires dont autrefois on avait cru constater l'existence.

VI. — Étude d'une apophyse issue de la porphyroïde au gisement des Dames de Meuse.

Un des points précis qui donnèrent naissance aux divergences de vues des géologues sur l'origine des porphyroïdes en question est ce fait que les cristaux de microcline sont ovoïdes et ont l'aspect de galets roulés alors que les cristaux d'albite ont leurs arêtes vives.

L'examen microscopique permet d'observer que les cristaux de microcline sont corrodés alors que ceux d'albite ne le sont pas. Les formes spéciales des microclines sont donc dues à un phénomène magmatique qui s'est fait sentir sur eux seuls.

Nous avons donc vu que tous les caractères invoqués en faveur de l'origine sédimentaire des porphyroïdes de la vallée de la Meuse étaient, les uns de production secondaire (schistosité), les autres précisément caractéristiques de l'évolution des roches éruptives (corrosion des microclines). L'origine ignée de ces porphyroïdes s'impose.

La structure de leur pâte, leur mode de gisement, la netteté de leur contact avec les schistes encaissants ne permettent pas de les considérer comme des roches métamorphiques (à la façon, par exemple, des roches de contact granitiques). L'absence de tufs, de produits de projection, les modifications subies par les schistes superposés ne permettent pas non plus de les considérer comme des laves. Ce sont des roches intrusives.

S'il pouvait rester quelque doute dans l'esprit des géologues éminents qui ont étudié ces roches, il sera levé, je l'espère, par le fait de l'existence d'une petite apophyse transversale que j'ai eu la bonne fortune de découvrir au gisement des Dames de Meuse (gîte 13 de M. Gosselet).

Cette petite apophyse est un filonnet de 3^{cm} à 4^{cm} de puissance qui part de la partie supérieure de la masse principale du porphyre et traverse les schistes superposés. Elle tranche nettement par sa couleur noirâtre sur les schistes brunâtres dans lesquels on la trouve.

Elle est compacte, sans traces de schistosité ; mais, comme le schiste est lui-même durci et compact, on ne peut l'isoler de sa gangue avec laquelle elle fait corps.

Elle contient des phénocristaux de microcline, d'albite et de quartz possédant tous les caractères de ceux de la porphyroïde dont elle est issue et répartis au sein de la même pâte, dans les mêmes proportions. L'état d'altération est seulement un peu plus profond que celui de la porphyroïde, à cause des circulations d'eau qui se sont plus facilement faites à travers les schistes.

Il arrive parfois que cette apophyse se ramifie et que deux

L.   2

ramifications se rejoignent. de sorte que le filonnet emballe des morceaux de sa gangue.

Dans ce cas, il se produit un phénomène intéressant :

Fig. 1.

(Cliché Monpillard.)

Filonnet issu de la masse principale de la porphyroïde au gîte des Dames de Meuse (gîte 13). Il apparaît en noir sur le schiste durci grisâtre. $\frac{1}{2}$ grandeur nature.

diverses considérations nous amèneront dans la suite à considérer la gangue du filonnet comme un schiste modifié à la fois par une diabase et par un microgranite. Il s'est produit dans ce schiste des lamelles de plagioclases dont il ne reste plus que le squelette constitué par de l'albite. Leur corps est rempli de produits d'altération, épidote, chlorite et quartz.

A proximité immédiate du filonnet, principalement dans les toutes petites enclaves de gangue, on trouve, outre les produits que je viens de citer, de larges lamelles de séricite [1].

Il est permis de voir dans la production de la séricite, à proximité du filonnet, une relation de cause à effet. Les microclines du filonnet ont fourni la potasse nécessaire à sa formation.

Je n'ai constaté la présence de cette petite apophyse que dans le schiste durci qui surmonte la porphyroïde aux Dames de Meuse et n'ai pu réussir à la suivre dans les schistes ardoisiers superposés.

Si petite soit-elle, elle met fin à mon sens à une longue suite de discussions en mettant hors de doute le caractère intrusif des porphyroïdes ardennaises.

(Il n'y a évidemment aucun rapport entre ce filonnet et l'apophyse transversale, la cheminée d'ascension communiquant avec le réservoir profond d'où seraient montées les porphyroïdes. La Vallée-Poussin avait cru reconnaître au gîte 5 une telle apophyse; mais M. Gosselet a montré péremptoirement qu'il s'agissait d'une illusion due à la direction de la stratification en cet endroit. Cette apophyse reste donc toujours à trouver. Il n'est d'ailleurs pas certain qu'elle existe.)

VII. — Remarques sur les enclaves des porphyroïdes des gîtes de Mairus.

Il est depuis longtemps classique que sur la rive droite de la Meuse, en prolongement des gîtes de Mairus, des fragments de roches clastiques sont enclavés dans la porphyroïde.

---

[1] Cette séricite est intimement associée à l'épidote et on ne la trouve qu'avec elle : c'est pour cela qu'il me parait logique de la considérer comme mica secondaire, bien que par aucun caractère on ne puisse la distinguer de la muscovite.

Cela a été de tout temps un argument dont les partisans de l'origine métamorphique des porphyroïdes ont tiré parti. Ces schistes, ou soi-disant tels, sont gris noir et très riches en biotite. La porphyroïde qui les accompagne est également très schisteuse.

On retrouve des enclaves micacées semblables, mais moins

Fig. 2.

(Cliché Monpillard.)

Enclaves micacées noires dans la porphyroïde au gîte du ravin de Mairus (gîte 3).

schisteuses. à Mairus, aux gîtes 1 et 3, dans des porphyroïdes moins schisteuses.

Dans beaucoup d'autres gisements de la vallée, il y a des enclaves analogues, et partout on peut constater que leur schistosité croît avec celle de la porphyroïde et que ce caractère leur manque totalement quand la porphyroïde est massive. D'où l'on peut immédiatement conclure que cette schistosité est secondaire et due aux causes mêmes qui ont modifié la porphyroïde.

On doit à M. Barrois une étude succincte de quelques-unes de ces enclaves. Il conclut à leur diversité d'origine, les

unes étant des fragments de schistes métamorphisés par
contact, les autres des ségrégations basiques. J'aurai
l'occasion, dans la suite, d'étudier en détail ces enclaves;
je voudrais seulement indiquer ici les raisons pour lesquelles
je crois devoir écarter l'idée de leur origine clastique :

Tout d'abord les caractères qui peuvent les rapprocher des
roches clastiques sont de production récente. Par exemple, le
quartz grenu qu'elles contiennent nourrit les phénocristaux
de quartz à la façon dont la silice secondaire nourrit les
grains de quartz des grès; de même, la calcite, la séricite
qu'on y trouve sont minéraux d'altération qui ne sont pas
spéciaux à ces enclaves, mais existent dans les portions de
la porphyroïde voisine. De plus, le mode de présentation des
biotites associées en baquettes avec les aiguilles d'albite
donne à la roche un aspect microscopique différant du tout
au tout de celui des schites micacés typiques.

Enfin, à étudier ces enclaves et à les comparer entre elles,
on s'aperçoit qu'elles ne diffèrent que par des caractères
secondaires, qu'elles doivent toutes avoir la même origine, et
qu'il est impossible d'admettre que certaines d'entre elles
soient des fragments de schistes métamorphisés.

VIII. — Conclusions.

On a pu voir par ce qui précède que les porphyroïdes de la
vallée de la Meuse doivent leur caractère schisteux à des
actions mécaniques qui se sont fait sentir sur une roche
primitivement massive et porphyrique; que la séricite, dont
la présence dans la pâte les rapproche des ardoises voisines,
est d'origine secondaire; enfin que ce sont des masses intrusives.

La structure de leur pâte, que nous étudierons plus loin, et les phénocristaux qu'elle baigne font de ces roches des microgranites.

CHAPITRE II.

PORPHYROIDE DE GENIS (CORRÈZE).

Sur les feuilles de Tulle et de Périgueux de la Carte géologique détaillée, M. Mouret a dessiné, avec sa précision habituelle, les contours d'un grand massif de porphyroïde situé en bordure du plateau central, à la limite des départements de la Dordogne et de la Corrèze, au nord et à l'est d'Excideuil (Dordogne), à l'est et au sud-est de Genis (Corrèze).

Cette porphyroïde est une roche schisteuse, fibrillaire ou lamellaire, verte, rose, blanche ou noire, contenant des phénocristaux de quartz et de feldspaths.

Le massif que constitue cette porphyroïde est tout entier interstratifié au milieu de schistes sériciteux.

I. — Phénocristaux.

Ce sont des quartz, des albites et des microclines, avec de rares biotites très altérées. Les quartz, souvent bipyramidés, sont corrodés; ils présentent des extinctions *onduleuses* et sont brisés. Les feldspaths, eux aussi, sont brisés; de sorte que les actions mécaniques subies par la roche sont immédiatement mises en évidence.

J'ai déjà dit ailleurs (¹) la différence qu'il y avait entre

(¹) *Sur deux modes d'individualisation de l'albite dans le massif de microgranite de Genis (Corrèze)* (*Comptes rendus*, 30 décembre 1907).

l'albite de la bordure et l'albite du centre du massif; j'y reviendrai dans la suite en détail : qu'il me suffise pour le moment de signaler que l'albite de bordure cristallise en cristaux isolés (albite libre), tandis que l'albite du centre, qui n'existe jamais en cristaux isolés, prend partiellement la place du feldspath potassique et le pseudomorphose (albite de substitution).

II. — Pâte.

On peut, dans les portions de la roche peu altérées, observer deux types de structure de la pâte :

Un type grenu qu'on trouve entre autres gisements au Puy Cornu (Granjeu, près Genis), dans une ancienne carrière actuellement inondée à l'est d'Excideuil, et qui constitue des blocs en bordure du massif, près d'Excideuil ;

Un type sphérolitique, bien caractérisé au Puy Chétif, près Genis, passant par endroit à de la micropegmatite; les sphérolites sont répartis par plages et ces plages nagent, semble-t-il, dans une pâte grenue, ce qui donne à la roche une apparence bréchoïde. Dans le cas où l'écrasement de la roche est très fort les sphérolites sont aplatis ou morcelés.

La pâte est d'origine primordiale. En d'autres termes, avant de subir les transformations qui ont fait d'elle une porphyroïde, la roche en question possédait déjà la texture porphyrique. La composition minéralogique nous la fait classer comme microgranite.

III. — Modifications secondaires de la pâte.

Quel que soit le type de structure, il y a toujours de la séricite dans la pâte, en quantité plus ou moins grande suivant l'altération des feldspaths. Il y a même des portions de la roche qui sont entièrement sériciteuses. La porphyroïde revêt alors l'aspect d'une véritable *blaviérite* tout à fait semblable à la blaviérite de la Mayenne qui sera décrite plus loin. Les feldspaths décomposés deviennent peu visibles et l'on ne distingue plus que de petits morceaux de quartz dans une pâte verte onctueuse au toucher.

Il était intéressant de rechercher ce que devenait, dans ce cas, la composition chimique de la roche et, en particulier, la teneur en alcalis :

Sur les échantillons, dont la perte au feu est inférieure à 1 pour 100, on trouve que, au centre comme en bordure du massif, la proportion de potasse est comprise entre 5,8 et 5,4 pour 100 et la proportion de soude entre 2,3 et 3,1 pour 100.

Au contraire, sur un échantillon de perte au feu égale à 4 pour 100, ayant la structure d'une blaviérite, la soude baisse à 1,9 pour 100, tandis que la proportion de potasse atteint 7,1 pour 100.

On peut calculer que dans les deux cas la somme des nombres des molécules de potasse et de soude est à peu près la même : un peu plus de 100^{mol} pour 1^g de roche. Cela veut dire que pour un certain nombre de molécules de soude éliminées il y a un même nombre de molécules de potasse amenées. Cette potasse est fixée dans la séricite.

Or, d'une part, étant donnée la supériorité du volume moléculaire de la séricite sur celui des feldspaths sodiques ou potassiques et, d'autre part, puisque nous trouvons le poids total des alcalis supérieur à ce qu'il était avant toute élimination ou apport, c'est qu'un autre élément a été chassé de ces parties de la roche. On constate, en effet, qu'elle est moins siliceuse.

La séricite se développe aux dépens de l'élément feldspathique de la pâte. Nous verrons dans la seconde partie de ce travail pourquoi il y a lieu de croire que la pâte est essentiellement composée de quartz et d'albite. Ce résultat dès maintenant admis, on voit que comme dans la porphyroïde précédemment étudiée la séricite se produit avant tout aux dépens du feldspath sodique.

On peut juger, par ce qui précède, de l'importance qu'il y a lieu d'attribuer aux circulations d'eau pendant la période de métasomatose de la roche. Ce sont elles seules qui, permettant le transport des alcalis, motivent la formation de la séricite ; et toute idée de dynamométamorphisme pour expliquer l'origine de cette dernière est écartée par ce fait que les actions mécaniques s'étant fait partout sentir avec la même intensité la séricite est inégalement répartie dans le massif.

IV. — Conditions de gisement et origine.

La grande puissance de cette roche éruptive, l'identité des modifications qu'elle subit à son contact avec les schistes séericiteux sur tout son pourtour ne permettent pas de la considérer comme autre chose qu'une masse intrusive.

Il est intéressant de signaler l'existence de grands filons à structure concrétionnée, uniquement composés de quartz et d'orthose en bandes parallèles, qui traversent le massif dans sa longueur. Ils tranchent nettement sur la roche, car, quel que soit le degré d'altération, ils ne contiennent jamais de séricite.

CHAPITRE III.
LA BLAVIÉRITE DE LA MAYENNE.

I. — Description macroscopique.

Blavier avait nommé *stéatite* la roche appelée maintenant *blaviérite;* c'est à Munier-Chalmas qu'on doit sa dénomination actuelle.

La blaviérite telle qu'on la trouve à la carrière de La Bio-chère, près Changé, est une roche tendre, douce au toucher, blanche, grise, verte, rose ou même noirâtre, contenant des grains de quartz. En d'autres gisements, sur la rive droite de la Mayenne, dans la même pâte, à côté des mêmes grains de quartz, il y a çà et là des taches blanches parallélépipédiques qui sont des sections de feldspaths très décomposés.

En général, la blaviérite possède une certaine fissilité due à l'orientation des lamelles de séricite qui composent sa pâte.

La blaviérite contenant des cristaux de quartz et de feld-spath au sein d'une pâte sériciteuse, située comme un terrain stratifié entre d'autres terrains sédimentaires, se classe naturellement comme porphyroïde.

Grâce à l'obligeance de M. OEhlert, j'ai pu visiter les princi-paux affleurements de blaviérite des environs de Laval.

Les gisements qui présentent le plus d'homogénéité sont situés au nord de Laval, dans les environs de Changé : à l'est de ce village on trouve la blaviérite à la carrière de La Bio-chère et traversant la Mayenne jusqu'à la Courtillerie à l'Ouest. Elle occupe constamment le même niveau stratigraphique. Située immédiatement au-dessus du grès à *Orthis Monnieri,* elle est surmontée des premières couches du Carbonifère inférieur.

II. — Examen microscopique.

La roche a contenu uniformément des phénocristaux de quartz, de feldspath et de biotite; mais dans la plupart des échantillons on ne distingue plus que la biotite et le quartz; le feldspath atteint un tel degré d'altération que le plus sou-vent il disparait complètement, réduit à l'état de poudre blanche par suite de sa kaolinisation. Dans certains cas on observe au microscope à sa place des sphérolites (positifs) de biréfringence très faible ou simplement des agrégats très finement grenus, qui l'un et l'autre paraissent une forme de kaolin.

Les biotites sont groupées par deux ou trois cristaux.

Quant aux quartz, ils se présentent différemment suivant la partie de la roche qui les baigne.

On peut en effet distinguer trois types de pâtes :

1° Un type entièrement sériciteux. Dans ce cas les quartz ont des contours quelconques qui ne rappellent en rien leurs formes cristallines habituelles; il y en a de gros et de petits morceaux.

2° Un type silicifié qui donne à la roche l'aspect d'un véritable quartzite. Les phénocristaux de quartz, parfois corrodés, ont des contours polygonaux. Ils sont bordés de quelques grains d'oxyde de fer et nourris de quartz identique à celui qui compose la pâte. On trouve aussi des zircons soit isolés, soit en inclusions dans les cristaux de quartz.

3° Un type finement grenu, complètement grisâtre en lumière polarisée. Ce troisième type est sériciteux : deux cas sont à distinguer : ou bien la séricite est répandue abondamment en certaines régions et manque totalement dans d'autres, de sorte que la roche revêt un aspect bréchoïde; ou bien la séricite est répartie uniformément dans la pâte à l'état de petites lamelles et la roche est extérieurement compacte. Dans le premier cas les quartz ont les formes géométriques bien connues des quartz des porphyres quartzifères; dans le deuxième cas la pâte s'arrête à des contours géométriques qui sont ceux des formes cristallines du quartz, mais l'espace compris dans ces contours n'est pas tout entier rempli par le quartz; le pourtour est généralement garni de lamelles de séricite, le centre étant occupé par un noyau de quartz souvent très déchiqueté; parfois au lieu d'un seul noyau il y a deux ou trois morceaux.

Ce phénomène est bien visible en lumière polarisée par suite de la différence de biréfringence du quartz, de la séricite et de la pâte. Il s'est produit une véritable dissolution des cristaux de quartz, la silice entraînée étant remplacée par de la séricite.

C'était un fait connu que dans certains échantillons de blaviérite les cristaux de quartz bipyramidés disparaissent et ne laissent que leurs empreintes dans la pâte de la roche.

Les observations microscopiques précédentes aident à se rendre compte de la marche du phénomène. Il y a substitution de la séricite à la silice et dans la suite élimination complète de la séricite, le reste de la pâte résistant mieux aux influences extérieures.

Il s'est donc produit dans la masse de la blaviérite des déplacements importants de silice tendant soit à la rendre moins siliceuse (1er et 3e types) ou au contraire beaucoup plus siliceuse (2e type) et provoquant comme conséquence la formation de la séricite.

Ces circulations d'éléments secondaires peuvent se reconnaître dans presque tous les échantillons de blaviérite, de sorte que nous arrivons à cette conclusion que dans la plupart des cas la pâte actuelle de la blaviérite n'est plus ce qu'elle a été à l'origine.

III. — Origine de la blaviérite.

On a beaucoup discuté sur l'origine de la blaviérite, mais très peu de choses ont été publiées à son sujet. Dans un opuscule dont le principal auteur est M. Œhlert, Munier-Chalmas a consacré un Chapitre à la blaviérite. Il émet l'idée qu'elle résulte de la modification de schistes très probablement dévoniens. A la carrière de La Biochère la présence « d'un banc de schistes argileux assez résistants, fissiles et peu altérés

qui se trouve intercalé au milieu des couches de blaviérite »
et le fait que ce banc, épais de 30^{cm} à 40^{cm}, « passe à ses deux
extrémités à la roche modifiée » lui paraissent mettre hors
de doute le fait d'un métamorphisme.

Jannetaz a publié, dans le *Bulletin de la Société française
de Minéralogie* et dans le *Bulletin de la Société géologique de
France*, deux Notes sur des analyses chimiques de la blaviérite ; nous les discuterons plus loin.

Sur la foi de Munier-Chalmas, beaucoup de géologues ont
admis jusqu'ici que la blaviérite résultait « du métamorphisme exercé par une venue profonde de granophyre sur un
sédiment de la base du Carbonifèrien [1] ». D'autres tiennent
la blaviérite pour un porphyre modifié par dynamométamorphisme.

La composition minéralogique et la structure de la blaviérite offrent seules des caractères insuffisants pour nous permettre de déterminer l'origine de la roche. Il faut avant
tout s'adresser aux conditions de gisement. Elles sont
simples :

1° La blaviérite est une roche interstratifiée ;

2° Elle repose sur le grès à *Orthis Monnieri* ;

3° On la trouve en galets dans les premières couches de
Culm [2] ;

4° Il n'y a pas eu, dans le bassin, de sédimentation entre
l'époque du dépôt des grès à *Orthis Monnieri* sous-jacent et
l'époque du dépôt des couches de Culm qui la surmontent.

L'existence des galets dans les conditions indiquées prouve
que la blaviérite est antérieure aux couches qui lui sont su-
perposées et le fait qu'aucune couche autre que la blaviérite

---

[1] A. DE LAPPARENT. *Traité de Géologie.*
[2] *Cf.* OEHLERT.

ne s'est déposée après le dépôt du grès à *Orthis Monnieri* et avant le Culm permet de conclure que c'est dans cet intervalle de temps même qu'a eu lieu sa mise en place.

La blaviérite n'est donc pas une roche intrusive. Ce n'est pas une roche métamorphique, car on ne comprendrait pas l'existence des galets seuls atteints par ce métamorphisme alors que les parties avoisinantes étaient épargnées; ou bien il faudrait admettre que ce métamorphisme a modifié le « sédiment » tout de suite après son dépôt et avant le dépôt de toute couche postérieure, c'est-à-dire qu'il a atteint la surface du sol.

Il ne reste à faire qu'une hypothèse : c'est que la blaviérite est une roche volcanique, un magma épanché charriant dans sa masse des cristaux de quartz, de feldspath et de biotite : une rhyolite (¹).

Cette rhyolite est actuellement très décomposée et sa composition chimique est en certaines régions fort différente de ce qu'elle était à l'origine. Dans les portions qui ont pu ne pas être modifiées chimiquement, le caractère physique de la pâte a néanmoins changé; aussi, bien que la blaviérite soit actuellement une roche entièrement cristalline, nous n'avons aucune difficulté à admettre que sa pâte ait été primitivement vitreuse (²).

Au même étage d'ailleurs, dans le conglomérat de la base

(¹) Après ce que nous avons dit sur la pâte de la blaviérite, le banc de schistes argileux de Munier-Chalmas (actuellement invisible d'ailleurs) n'a plus la signification qu'il lui attribuait. On peut imaginer qu'il provient de la décomposition de la blaviérite même; ou bien, si l'on admet son invidualité particulière, que c'est un sédiment contemporain de l'épanchement de la lave : une boue argileuse qui ultérieurement s'est transformée en schistes argileux.

(²) Nous considérons la blaviérite comme une roche volcanique proprement dite et non comme un tuf de rhyolite, car la répartition des phénocristaux dans la pâte est caractéristique. Il lui manque le caractère détritique des éléments qu'on observe toujours dans les tufs.

du Culm visible dans les tranchées du chemin de fer à Saint-Berthevin, à l'ouest de Laval, on trouve de gros galets d'une rhyolite ayant une composition minéralogique identique à celle de la blaviérite; biotites, quartz et feldspaths y sont répartis de la même façon dans une pâte actuellement dévitrifiée et très siliceuse. Cette rhyolite n'est pas connue en place; ses galets reposent sur une sorte de roche d'aspect blaviéritique.

Il y a une grande parenté entre cette rhyolite de nature essentiellement volcanique et les blaviérites de Changé. Il n'est pas impossible que ce soit même des roches identiques qui se sont trouvées dans des conditions d'altération différentes.

<h3 style="text-align:center">IV. — Causes de la production de la séricite
dans la pâte de la blaviérite.</h3>

La séricite, produit secondaire provenant habituellement de la décomposition des feldspaths, résulte avant tout de la nature chimique de la roche : que la pâte soit très siliceuse ou qu'il ne puisse se produire aucune circulation d'eau chargée de potasse, il y aura peu ou pas de séricite. c'est le cas des galets de la rhyolite de Saint-Berthevin ; qu'elle soit, au contraire, assez alcaline et que la potasse puisse y circuler facilement, la séricite pourra se développer, c'est le cas de la blaviérite de Changé.

<h3 style="text-align:center">V. — Nature chimique de la pâte.</h3>

Nous avons admis *a priori* que le mica blanc composant la pâte de la blaviérite est de la séricite.

Dans une Note publiée dans le *Bulletin de la Société de Minéralogie* (1880) Jannetaz a donné une analyse de blaviérite dans laquelle la potasse atteint 8 pour 100 et la soude

4 pour 100. C'est la substance correspondant à cette analyse qu'il avait appelée *pinitoïde*.

Dans une seconde Note publiée alors dans le *Bulletin de la Société géologique* (1882), il indique l'existence de veines d'une substance qui lui paraît plus pure, située dans la masses des parties pinitoïdes. Elle est, dit-il, plus compacte. L'analyse chimique lui fournit 3,6 pour 100 de K^2O et 6,4 pour 100 de Na^2O. Jannetaz en conclut que cette matière est de la paragonite.

Il y a là une anomalie; car si, comme je l'ai indiqué plus haut, la séricite de la pâte de la blaviérite résulte de l'action d'eaux chargées de sels de potasse sur le verre sodique en voie de dévitrification de la rhyolite, c'est qu'il y a élimination de soude, élimination qui est en contradiction avec la fixation qui a lieu dans la formation de la paragonite.

Pour éclairer la question, j'ai recommencé moi-même quelques dosages d'alcalis, dont voici les résultats :

	$K^2O.$	$Na^2O.$
1. Blaviérite compacte verte avec quartz en voie de disparition (La Biochère)................................	7,5	1,8
2. Blaviérite compacte, cirreuse, vert jaunâtre (échantillon provenant du Muséum).......................	8,1	1,8
3. Blaviérite blanche très schisteuse...................	1,3	0,7

Les analyses 1 et 2 sont assez semblables et ne permettent pas de considérer le mica qui constitue la pâte comme autre chose que de la séricite. Quant à l'échantillon 3, les alcalis y sont en petite quantité; mais on constate au microscope que la transformation de la pâte en mica est faible, la proportion des parties siliceuses étant assez forte. Il y a encore eu élimination de soude, mais elle n'a pas été remplacée par de la potasse.

Je ferai remarquer que les deux premières analyses portent

précisément sur des échantillons compacts comme celui dans lequel Jannetaz a trouvé de la paragonite, et que l'échantillon 2 dont l'aspect correspond à la description donnée par Jannetaz est peut-être bien, puisqu'il provient du Muséum, un de ceux qu'il a analysés [1].

De sorte que je crois bien qu'il n'y a pas lieu de croire à l'existence de paragonite dans la blaviérite et que le seul mica secondaire produit est un mica surtout potassique, tel que la séricite.

VI. — Conclusions.

Les conditions de gisement de la blaviérite et sa nature pétrographique nous ont permis de conclure qu'elle était une rhyolite épanchée au commencement de l'époque carbonifère.

D'autres faits viennent d'ailleurs étayer cette hypothèse :

En quelques points, dans les gisements de blaviérite qui avoisinent les dépôts du Culm, celle-ci prend un aspect bréchoïde. De la pâte même de la blaviérite on peut détacher de petits morceaux anguleux de nature pétrosiliceuse, qui sont minéralogiquement analogues à certaines portions de blaviérite, mais ne contiennent pas de quartz bipyramidés : ils ne sont pas roulés ; on ne peut mieux faire que de les comparer à des produits de projections volcaniques, lapillis et petites bombes qui sont tombés sur la partie supérieure de la coulée encore en fusion et à laquelle ils se sont agglomérés.

La même roche, à lapillis, contient encore d'autres enclaves qui méritent d'être signalées. Ce sont de petits fragments verdâtres, riches en quartz grenu, en muscovite et en tourmaline. Ce sont soit des morceaux d'une granulite à tourma-

---

[1] *Cf.* JANNETAZ. *Sur la paragonite schistofibreuse de Changé* (*Mayenne*) (*B. S. G.*, 3e série, t. X, 1881-1882); *Sur une roche de pinite de Changé* (*Mayenne*) (*B. S. M.*, t. III, 1880).

L.3

line, soit des produits pneumatolitiques ; leurs dimensions et leurs contours font penser à des pseudomorphoses de feldspaths.

Il est un point sur lequel je veux insister avant de terminer ce chapitre, c'est que la blaviérite n'a pas subi d'actions mécaniques importantes. S'il y a quelques quartz brisés, ils présentent rarement les extinctions onduleuses caractéristiques de tous les porphyres ayant été fortement dynamisés. L'aspect schisteux de cette rhyolite n'est donc pas dû à des actions mécaniques. Elle résulte de l'orientation des lamelles de séricite dans la pâte, et celle-ci est due avant tout au sens dans lequel s'est faite la circulation des eaux.

CHAPITRE IV.

PORPHYROÏDE DE MAREUIL-SUR-LE-LAY (VENDÉE).

La porphyroïde de Mareuil-sur-le-Lay constitue dans le Bocage vendéen un grand massif de roches signalées sur les Cartes géologiques de la région par MM. Wallerant et Welsch.

I. — Type du calvaire de Mareuil.

C'est une roche schisteuse, lamellaire, clivable dans la plupart des échantillons. Les surfaces de clivage sont bosselées, ont un éclat lustré et sont uniformément sériciteuses. Sur la tranche, on distingue des morceaux de quartz et de feldspaths : tel est le type de la porphyroïde au calvaire de Mareuil.

Sa structure est partout la même, la couleur seule varie du

rose sale au vert. Il y a en tous points les mêmes éléments : quartz, feldspath, séricite.

Les quartz n'ont pas de contours géométriques ; leurs morceaux sont couchés dans le sens de la schistosité. Entre deux morceaux, on trouve d'autre quartz sous forme d'amas grenu fréquemment reliés à des veinules de même nature qui traversent la roche. Dans certains échantillons, ces veinules sont interrompues brusquement au niveau d'une surface de clivage ; elles reprennent un peu plus loin : le quartz qui les remplit présente alors des extinctions onduleuses.

Les feldspaths, dont les morceaux atteignent souvent de 1^{cm} à 2^{cm^3}, sont généralement un peu rosés, parfois complètement rouge brique, mais dans ce cas caverneux et s'en allant en poussière ; tous d'ailleurs plus ou moins décomposés.

Ce sont des feldspaths potassiques : orthose ou microcline.

La pâte de la roche, c'est-à-dire tout ce qui n'est pas quartz et feldspaths visibles à l'œil nu, se résout sous le microscope en un agrégat de quartz et de mica.

Le mica, verdâtre en masse, est généralement incolore en lames minces. Parfois pourtant, quand il est en cristaux nets, il est légèrement coloré en vert : il est alors polychroïque dans des tons verts avec maximum d'absorption suivant l'allongement des lamelles. Mais, dans la majorité des cas, il a confusément cristallisé ; le microscope est impuissant à délimiter un cristal du cristal voisin ; on ne voit que des traînées micacées plus ou moins chargées de quartz.

Tous les phénocristaux auxquels la roche doit son aspect porphyrique ont subi des efforts mécaniques qui les ont brisés et qui en ont séparé les morceaux. Les effets de ces efforts, reconnaissables à l'œil nu sur les feldspaths qui se clivent suivant des surfaces courbes, n'apparaissent qu'au microscope sur les quartz. Ils se manifestent par des extinctions onduleuses et l'entraînement relatif des morceaux dont les contours peuvent être raccordés. La même observation s'applique aux feldspaths.

Les efforts dont il est ici question sont moins visibles dans la pâte de la roche, du moins au microscope, car extérieurement son rubanement, sa fissilité et la façon dont la pâte contourne les phénocristaux en donnent immédiatement l'idée; mais, dans la majorité des cas, l'observation microscopique ne met en évidence aucune des particularités signalées plus haut pour les gros morceaux de quartz et de feldspaths. Il y a bien quelques lamelles de mica courbées et des traînées micacées qui semblent étirées; mais, quand les cristaux sont nets, ils sont indemnes de toute déformation mécanique.

Ceux-ci sont associés à du quartz, qui au voisinage des gros cristaux s'oriente comme eux et les nourrit. Ces cristallisations de silice secondaire sont postérieures aux efforts mécaniques subis par la roche : elles s'attachent souvent à remplir les vides laissés dans le même plan de schistosité entre deux morceaux d'un même cristal, et les veinules de silice qui traversent la roche perpendiculairement à ses strates se fondent avec elles.

C'est dans ces régions que cristallise la séricite, souvent au voisinage d'un gros morceau de quartz nourri par les grains siliceux d'alentour, de telle sorte que les cristaux de séricite paraissent y être inclus. Quand de la séricite apparaît dans un microcline elle est localisée dans ses cassures. Il est à remarquer que ces cristallisations secondaires sont d'autant plus développées que les phénocristaux de feldspaths sont plus altérés.

II. — Type de Champ-Saint-Père.

À Champ-Saint-Père, près des moulins à vent bien visibles de la gare, se trouvent d'anciennes carrières d'une roche compacte exploitée autrefois pour empierrement, mais abandonnée depuis parce que, suivant l'expression des gens du pays, *elle faisait de la boue.*

La texture de la roche est microgranitique. Elle contient dans une pâte vert foncé des cristaux d'orthose rose atteignant 1^{cm3} et des cristaux plus petits de quartz.

Sans schistosité, cette roche possède une apparence de stratification tenant à une fissilité qui la fait se débiter en morceaux recouverts d'enduits de limonite. Sous l'action prolongée des agents atmosphériques elle devient beaucoup plus claire : les cristaux de feldspaths deviennent rose sale et la pâte vert clair.

Le microscope met en évidence l'extrême décomposition de la roche : orthose altérée, quartz abondants en gros morceaux à extinctions moirées et en morceaux plus petits, enfin des micas un peu tordus, devenus fibreux, qui sont d'anciennes biotites chloritisées, isolés ou en compagnie de feldspaths qui se moulent sur eux.

Ces phénocristaux nagent dans une pâte composée de lamelles extrêmement fines de séricite et d'un agrégat d'une réfringérence et d'une biréfringence de feldspaths offrant des extinctions sphérolitiques. Des sphérolites, négatifs, font partie intégrante de feldspaths décomposés. Je crois devoir rapporter ces formations secondaires à de la kaolinite. Çà et là, dans cette pâte, des fragments de cristaux de plagioclases très altérés, chargés de séricite, interrompus par la séricite même de la pâte et se continuant au delà avec la même orientation, permettent de reconstituer un cristal entier qui souvent prend naissance à partir du contour d'une orthose. Ces plagioclases, moins réfringents que le quartz, ont des extinctions qui les rendent voisins de l'albite.

La séricité de la pâte traverse parfois les cristaux de quartz en y dessinant des canaux qui se ramifient de telle sorte que le vide laissé entre deux morceaux du cristal ne peut provenir d'une séparation mécanique, mais bien d'une dissolution secondaire du cristal. C'est là un phénomène important qui se manifeste parfois avec une ampleur remarquable.

On trouve en outre dans la pâte de cette roche des cristaux de zircons et d'apatite.

III. — Type de bordure du massif.

Plus à l'Ouest, les roches reprennent leur aspect schisteux et porphyroïde comme le type du calvaire de Moreuil, mais on arrive bientôt à l'extrémité du massif où tout caractère porphyrique disparaît. On croirait avoir affaire à une roche détritique : elle est finement grenue et sa couleur varie du blanc rose au vert et au rouge. Elle est traversée de filonnets siliceux compacts.

Au microscope on distingue, associés à beaucoup de grains d'apatite et de zircons cassés, des cristaux de feldspaths, tous maclés suivant la loi de l'albite, qui sont de deux sortes : les uns ont leur ligne de macle parallèle à l'allongement du cristal et ininterrompus d'un bout à l'autre de celui-ci; les autres ont leur macle courte, interrompue brusquement en biseau et reprenant un peu plus loin. C'est un faciès spécial de roches de contacts granitiques qui, dans la suite, sera étudié en détail.

La pâte est la même que celle de la porphyroïde du calvaire de Mareuil.

IV. — Conclusions.

On trouve donc dans ce massif trois types de roches différents :

1° Un type franchement porphyroïde (Mareuil-sur-le-Lay);
2° Un type compact (Champ-Saint-Père);
3° Un type à apparence détritique (extrémité ouest de Champ-Saint-Père).

Le type compact, bien qu'ayant un aspect microgranitique, était à l'origine entièrement grenu : il doit son apparence actuelle à la décomposition des plagioclases et à leur transformation en séricite qui produit une pâte dans laquelle nagent les quartz et les feldspaths différemment altérés. Ce type est peu ou pas comprimé.

Au contraire, le type du calvaire de Mareuil l'est fortement, mais il y a les mêmes phénocristaux et la même pâte que dans le type précédent; seulement les éléments de celle-ci ont cristallisé sur place après la déformation de la roche.

Avant d'avoir subi aucune altération et compression ces porphyroïdes avaient donc une texture massive. Les minéraux qui les composent sont les minéraux caractéristiques des roches granitiques; aussi, pour moi, la roche en question est-elle un granite.

C'est un de ces granites dont le métamorphisme sur les terrains encaissants est faible. Il se réduit dans ce que nous avons observé à ce type d'apparence détritique qui peut être soit une forme de bordure du granite lui-même, soit un schiste feldspathisé.

Il est remarquable que la direction du pandage de la roche schisteuse soit constante dans tout le massif. Toutes les strates plongent vers l'Est. Il n'en est pas de même des terrains encaissants qui, comme on peut s'en rendre compte dans les carrières de quartzites de Rosnay, sont fortement plissés et contournés en tout sens.

C'est aux tectoniciens qu'il appartient de terminer ce Chapitre.

CHAPITRE V.

PORPHYROIDES DE LA CHATAIGNERAIE-PUYBELLIARD (VENDÉE).

I. — Division et description.

Sur les feuilles de La Roche-sur-Yon, de Fontenay-le-Comte et de Niort, MM. Wallerant et Welsch ont signalé des porphyroïdes, dont les gisements situés en ligne droite s'étendent sur une soixantaine de kilomètres depuis Saint-Vincent-Sterlange au Nord-Ouest jusque dans les environs de Champdeniers au Sud-Est ([1]).

Ce sont des roches schisteuses, fibrillaires, de couleur claire généralement dans les tons roses ou gris verdâtre, où l'on distingue à l'œil nu des cristaux de quartz et de feldspaths. Ces cristaux ont, en général, de 1^{mm} à 3^{mm} de section, jamais plus. Les quartz semblent étirés dans le sens de la schistosité de la roche.

Un rapide examen microscopique met en évidence les efforts dynamiques subis par la roche : les quartz sont

---

([1]) Ces porphyroïdes constituent une partie du granite signalé par Élie de Baumont à Puybelliard, près de Chantonnay, et à La Châtaigneraie (Explic. de la Carte de France, 1847).

brisés et présentent des extinctions onduleuses : les feldspaths sont tronçonnés.

D'après l'examen des différents échantillons qui m'ont été communiqués par M. Wallerant, par M. Welsch, ou que j'ai pu recueillir moi-même, j'ai été conduit à distinguer trois types :

1° *Type de Saint-Vincent-Puybelliard*. — On y trouve des phénocristaux de quartz très corrodés. Les individus feldspathiques sont constitués par de l'albite, de cette albite à faciès spécial qui est une pseudomorphose du feldspath potassique et sur laquelle je reviendrai en détail. Exceptionnellement *l'albitisation* du feldspath potassique est incomplète. A l'œil nu, il est impossible de préciser si le feldspath est ou n'est pas albitisé ; il a toujours la même couleur rosée, et les macles de l'albite y sont trop fines pour qu'on puisse les apercevoir autrement qu'au microscope.

La pâte de ce type offre en lumière polarisée l'aspect d'une grisaille ; à de forts grossissements on y reconnaît une structure très finement grenue, mais elle est surtout caractéristique par ce fait qu'elle contient par endroit des plages de sphérolites à croix noire. Parfois ces sphérolites bordent des cavités dont la section a la forme d'une boutonnière ; ce sont des litophyses. Intérieurement celles-ci sont remplies par de la séricite. Il y a souvent dans ce cas continuité entre le sphérolite et la pâte, c'est-à-dire qu'à partir d'un point on observe une orientation dans les éléments de la pâte qui s'étirent, puis divergent de façon à dessiner un secteur de sphérolite. Dans certains cas, le sphérolite homogène en sa région centrale se résout à sa périphérie en un mélange de filaments de réfringences différentes et rappelle alors certaines micropegmatites très fines. La pâte étant d'ailleurs de réfringence intermédiaire entre le quartz et le feldspath, nous sommes conduits à la considérer comme un mélange de quartz et de feldspath.

Il n'y a pas de rapport entre la répartition des phénocristaux et la position des sphérolites.

Les actions mécaniques subies par la roche sont mises en évidence par l'écrasement et la déformation des sphérolites.

2° *Type du Busseau.* — Au Busseau, l'albitisation des feldspaths potassiques est faible. On trouve à côté de ceux-ci des cristaux d'albite automorphe (*albite libre*), mais plus de sphérolites. On observe encore des lithophyses, mais elles sont bordées de cristaux d'albite.

3° *Type de La Châtaigneraie.* — L'albitisation est toujours très forte ; on trouve aussi un peu d'albite libre. Il n'y a plus de lithophyses.

Dans tous ces types on trouve de la séricite. Cette séricite est répartie dans la pâte à l'état de fines lamelles généralement disposées parallèlement à la schistosité de la roche. En lames minces la séricite est légèrement verdâtre et faiblement polychroïque. Quand elle est abondante, elle donne à la roche une couleur verte caractéristique. mais souvent, par suite de son inégale répartition, les échantillons sont composés de zones alternantes vertes et roses.

La séricite dont il est ici question est postérieure à l'époque où les phénomènes dynamiques se sont produits. On peut, en effet, constater qu'ils ne l'ont pas atteinte et qu'elle affectionne de cristalliser entre les morceaux des phénocristaux tronçonnés.

Cependant il est des cas où l'on observe des traînées de séricite suivant les ondulations et flexions des plans de schistosité de l'échantillon considéré. On ne peut alors distinguer aucune lamelle isolée de séricite, mais seulement une plage séricitcuse dont la bérifringence et par conséquent l'orientation est variable d'un point à un autre ; de plus, alors que la séricite qu'on trouve à l'état de lamelles isolées est brillante et parfaitement pure, toute la traînée est trouble et ponctuée de petites inclusions assimilables à des fragments de rutile. Il est très probable que ces traînées séricitcuses sont d'anciennes biotites complètement transformées par voie d'altération et qui naturellement ont eu à souffrir des actions mécaniques subies par la roche.

Tous les échantillons considérés sont à peu près identiques et ont toujours possédé leur structure porphyrique ; comme de plus ils sont constitués par les éléments des roches granitiques, ce sont des microgranites.

II. Origine.

Le seul examen microscopique ne permet pas de conclure à leur origine. On peut considérer la roche de Puybelliard comme une roche épanchée, la structure de sa pâte rappelant beaucoup celle de laves acides dévitrifiées : mais rien ne s'oppose non plus à ce qu'on la considère comme un dyke qui n'aurait jamais vu le jour.

On trouve à La Châtaigneraie des fragments de pegmatite composée de quartz et d'orthose emballés dans le microgranite, tout à fait semblables aux pegmatites qui traversent le microgranite de Genis (Corrèze) et avec lesquels nous les croyons avoir beaucoup de rapport. On pourrait en conclure que, comme à Genis, ces microgranites sont filoniens ; mais, s'ils ont cette origine à La Châtaigneraie, ils peuvent avoir une origine différente à Saint-Vincent ou à Puybelliard.

Dans tous les cas il n'y a aucune comparaison à faire entre ces roches et des tufs. Les éléments constitutifs sont disposés de la même façon que dans les roches éruptives les plus typiques, et il leur manque le caractère détritique des éléments qui apparaît toujours dans les tufs.

Ces microgranites, laves ou roches intrusives, sont situés au milieu de schistes sériciteux; mais la séricite qu'ils contiennent et à laquelle ils doivent leur structure de porphyroïde est, comme nous l'avons montré, de développement secondaire et postérieur aux actions mécaniques qu'ils ont subies.

La séricite se produit dans la pâte et dans les phénocristaux; mais, quand il existe ensemble de l'albite libre et de l'albite de substitution, cette dernière échappe souvent à la transformation.

III. — Remarque sur les filons de quartz de La Châtaigneraie.

Au contact de ces microgranites on trouve des filons de quartz. Ces filons donnent à la topographie de la région, spécialement vers La Châtaigneraie, un aspect tout particulier. Ayant plus résisté aux agents atmosphériques que les schistes au milieu desquels on les trouve, ils ont l'aspect de hautes murailles et sont visibles de très loin.

On pourrait être tenté de croire qu'ils ont quelque rapport d'origine avec les microgranites en question. Il n'en est rien. On reconnaît qu'ils sont constitués par des grès transformés par place en quartzite. Ce sont des roches franchement clastiques qui contiennent parfois des débris de tourmaline. La remise en mouvement de la silice a produit leur quartzification, augmentant ainsi leur résistance et par place produisant les gros rognons de silice qui ont contribué à faire supposer une origine filonienne. C'est là un phénomène bien connu sur lequel il est inutile d'insister.

CHAPITRE VI.

PORPHYROIDE DE SAINT-PIERRE-DU-CHEMIN (VENDÉE).

On exploite à Saint-Pierre-du-Chemin une roche tendre et d'un toucher très doux, qui se débite en grandes dalles utilisées comme soles de fours à chaux.

I. — Structure.

Le type habituel de cette roche est constitué par un mélange de mica blanc et de parties pierreuses grises, dures, très siliceuses, dont l'ensemble offre un aspect bréchoïde. Les partie dures, de forme lenticulaire, sont étalées suivant le sens de la schistosité de la roche ; elles contiennent de petits grains de quartz.

Les dalles plongent vers l'Ouest. Au-dessus de ce type, on trouve un ban de schistes lie de vin très micacés ; et encore au-dessus de celui-ci une autre roche, bréchoïde comme la première, mais dont le mica et les parties pierreuses sont teintées de rose.

Il arrive parfois que l'œil nu différencie mal les parties micacées des parties pierreuses, principalement quand on examine les dalles par leurs faces, de sorte qu'on ne distingue que des grains de quartz dans une pâte schisteuse. Dans ce cas la roche a l'aspect de beaucoup de porphyroïdes dont les feldspaths auraient disparu par voie d'altération.

II. — Minéraux constitutifs.

Les phénocristaux de cette porphyroïde sont uniquement constitués par du quartz. Ils sont brisés et leurs morceaux

s'étalent souvent dans le sens de la schistosité de la roche ;
ils sont remplis d'inclusions roses d'oxyde de fer.

Examinées au microscope, les parties pierreuses ont un aspect finement grenu. Elles paraissent constituées par un
agrégat de très petits morceaux de quartz.

Principalement dans ces parties pierreuses, mais aussi
dans les autres parties micacées de la roche, on trouve
souvent en abondance de petites baguettes très réfringentes,
polychroïques dans les tons vert jaunâtre avec maximum
d'absorption perpendiculairement à leur allongement. Ce
sont des *microlites de chloritoïde*. Ils ne sont pas maclés,
ne s'éteignent pas suivant leur allongement et sont fourchus
ou tridentés à leurs extrémités.

Il semble que ces baguettes de chloritoïdes soient inégalement réparties dans la masse de la roche ; il y a des échantillons où l'on n'en voit pas du tout. Il est possible qu'il y en
ait eu partout autant, mais qu'une grande partie ait disparu
par voie d'altération.

Les microlites en question sont brisés et souvent leurs
tronçons sont séparés les uns des autres, entraînés, semble-
t-il, dans le sens de la schistosité de la roche.

Le mica blanc ne se distingue par aucun caractère spécial
des micas blancs ordinaires, mais dans beaucoup de cas ses
lamelles sont plissées et tordues. C'est à ce mica que la roche
doit son toucher onctueux ; il est parfaitement incolore en
lumière naturelle et ne présente pas trace de polychroïsme.

Dans le cas où la roche paraît le plus altérée, c'est-à-dire
quand sa couleur tend vers la lie de vin ou le violet, le
microscope décèle, au milieu des régions micacées, une
grande quantité de grains d'oxyde de fer, dont il est possible
qu'une partie soit titanifère.

Avant d'aller plus loin, il est important de constater que
cette roche a subi des actions mécaniques ; cela résulte de

l'état des quartz, des chloritoïdes et du mica blanc. A l'inverse donc de ce que nous avions constaté jusqu'ici le mica blanc est de formation ancienne.

Il n'y a dans cette porphyroïde aucune trace de feldspath ; et le mica blanc y est réparti uniformément sans adopter de préférence certains points spéciaux dans la pâte. On peut compter qu'il contient tous les alcalis fournis par l'analyse globale de la roche.

Celle-ci est chimiquement très acide, comme on peut en juger par l'analyse suivante :

Perte au feu.	SiO^2.	Al^2O^3.	Fe^2O^3.	FeO.	CaO.	MgO.	K^2O.	Na^2O.	Total.
2,5	81,6	13,3	1,6	0,8	0,2	0,1	0,9	0,8	101,8

Les pourcentages de potasse et de soude sont tels, qu'il y a plus de molécules de soude que de potasse. Le mica blanc serait donc, en grande partie tout au moins, de la *paragonite*.

III. — Conclusions.

Associé à cette paragonite, on trouve souvent un minéral difficilement déterminable, mais que certains caractères permettent de rapprocher de l'andalousite. Sa cristallisation est contemporaine de celle du mica blanc.

La porphyroïde de Saint-Pierre-du-Chemin a donc tous les caractères d'un schiste cristallin. Si elle résulte du métamorphisme d'un sédiment, nous ne pouvons rien connaître de la nature de celui-ci, si ce n'est qu'il n'était pas calcique ; mais il est possible que les quartz auxquels la roche doit son caractère porphyroïde existassent avant que toute action métamorphisante se soit manifestée, comme aussi ces mêmes phénocristaux peuvent être la conséquence de ces actions, comme la paragonite et le chloritoïde.

Quoi qu'il en soit, ce qu'il importe de remarquer, c'est qu'ici la roche ne doit pas sa structure porphyroïde à des actions mécaniques et que celles-ci sont postérieures à l'époque de production du mica; et alors que dans les roches précédemment étudiées le mica était un mica potassique, de la séricite, ici c'est un mica surtout sodique, de la paragonite.

CHAPITRE VII.

PORPHYROÏDE DE LIGUGÉ.

I. — Examen macroscopique.

M. Welsch a bien voulu me donner communication de quelques échantillons de la roche qu'il a signalée comme une porphyroïde sur la feuille de Poitiers.

Cette porphyroïde contient des cristaux de feldspaths roses et des morceaux de quartz au sein d'une pâte foncée noirâtre. L'allure générale de la roche est celle des porphyroïdes de Mareuil-sur-le-Lay, toutefois avec cette différence qu'à Mareuil la porphyroïde présente une telle schistosité qu'elle se clive suivant des surfaces parallèles tandis que la roche de Ligugé se casse au marteau suivant une direction quelconque. D'autre part, l'aspect lustré de la porphyroïde de Mareuil, dû à la grande quantité de séricite répartie dans la pâte, manque complètement à la porphyroïde de Ligugé. Enfin, à Ligugé, les échantillons sont pour la plupart plus bréchoïdes que porphyroïdes.

L'examen macroscopique de la roche de Ligugé ne tend donc pas à la rapprocher des porphyroïdes. Ce n'est pas, selon

la définition que nous en avons donnée, une roche schisteuse
dont la pâte a la composition d'un sédiment; tout au plus
pourrait-on à première vue la rapprocher d'une roche cristalline, d'un gneiss par exemple. Il y a lieu néanmoins de
procéder à l'examen microscopique.

II. — Examen microscopique.

Celui-ci met en évidence les actions mécaniques subies
par la roche. Les quartz sont complètement broyés; un seul
cristal est transformé en une infinité de petits morceaux
juxtaposés à extinctions onduleuses; l'ensemble est étiré
dans le sens du mouvement. Parfois une partie seulement du
cristal a été broyée; le morceau qui reste est déformé et présente des extinctions onduleuses.

Les feldspaths, eux aussi, sont atteints. De gros morceaux
d'orthose présentent des clivages courbes et des extinctions
onduleuses. Des plagioclases ont subi des flexions qui se
manifestent sur les lamelles des macles de l'albite. Des biotites sont étirées ou tordues.

III. — Origine.

L'aspect porphyroïde ou plutôt glanduleux de la roche est
dû aux actions mécaniques qu'elle a subies, car on ne retrouve pas, à l'examen microscopique, ce qui aurait pu être
une pâte. Au contraire, ce qui actuellement constitue la pâte
de cette porphyroïde est formé par les produits de broyage et
de trituration des quartz et des biotites.

Nous nous trouvons donc en présence d'une roche massive
déformée par actions mécaniques. Sa composition minéralogique est celle d'un granite : orthose, quartz, plagioclases,
biotites. On trouve aussi des morceaux d'apatite.

L.   4

Un observateur non prévenu n'hésiterait pas, à la vue seule d'une plaque mince de cette roche, à la qualifier de granite. C'est même assurément un granite très peu modifié et dont il ne faut pas s'exagérer la transformation.

Cette transformation est beaucoup moins intense que celle du granite qui a donné la porphyroïde de Mareuil-sur-le-Lay. Ce qui caractérise cette dernière, c'est l'abondante production de la séricite associée à des quartz de formation secondaire ; séricite postérieure aux déformations de la roche et qui, à la façon dont elle s'est développée, atteste le fait d'une circulation d'eau et de recristallisations intenses. Ici rien de semblable. Il y a bien de la séricite à l'état de produits d'altération formés au sein des plagioclases, mais point de recristallisation ; en particulier, point de formation de silice secondaire.

On trouve cette porphyroïde sous la propriété dite *Les Croix-Basses*. Elle est associée à une granulite schisteuse et à un granite gris typique. Du Nord au Sud on trouve d'abord la porphyroïde, puis la granulite et enfin le granite, sans qu'on puisse observer les contacts de l'une avec l'autre de ces roches.

La granulite doit sa schistosité à des actions mécaniques.

Le granite gris est analogue au granite de Vire. Il est compact, sans schistosité ; néanmoins, au microscope on constate qu'il a subi quelques efforts mécaniques dont on reconnaît les effets à la courbure des lamelles des plagioclases,

Le quartz y est intact ; mais, à cette différence près, il y a identité absolue entre ce granite et la porphyroïde. On y trouve, répartis de la même façon que dans cette dernière, des orthoses en grandes plages, des plagioclases zonés allant de l'albite à l'oligoclase et des biotites ; celles-ci sont peu altérées.

A l'œil nu même, on s'aperçoit bien vite que les deux

roches, porphyroïde et granite, sont tout à fait analogues ; leur plus grande dissemblance est dans la couleur, rose là, grise ici.

Il ne me paraît pas qu'il y ait aucun inconvénient à admettre que la porphyroïde de Ligugé soit un faciès dynamo-métamorphique du granite du même lieu. Je sais bien que cette conclusion est en opposition avec les idées des géologues qui ont observé ces roches en place. Pour M. Dollfus en particulier, la série des roches primaires des Croix-Basses est formée exclusivement de schistes précambriens métamorphiques ([1]). Mais cette hypothèse, qui peut peut-être se soutenir sur le terrain, ne doit plus être conservée dès qu'on aborde l'examen minéralogique de ces roches.

Bien que cette porphyroïde ne soit pas assez sériciteuse pour que la séricite apparaisse à l'œil nu et contribue à donner à la roche un aspect schisteux, on trouve néanmoins de la séricite à l'état de produits d'altération dans les feldspaths ; mais, comme nous l'avons déjà constaté, elle est surtout localisée dans les plagioclases. L'orthose est peu altérée ; elle apparaît seulement en lumière naturelle comme constellée de granulations jaunâtres. Les biotites sont chloritisées et il est naturel de penser que la potasse qui entrait dans leur constitution a contribué à édifier la séricite dans les plagioclases ; mais, étant donnée la forte transformation de ceux-ci et la quantité relativement faible des biotites, il faut admettre qu'une partie de la potasse des orthoses a dû, elle aussi, intervenir.

On trouve un peu de séricite dans l'orthose, mais à l'état de fines veinules qui suivent les cassures du cristal.

([1]) *Bull. de la Société géologique,* 4ᵉ *série, t. III. 1905. Réunion de la Société à Poitiers : Compte rendu de la course du 4 octobre.*

CHAPITRE VIII.

ÉTUDE DE QUELQUES AUTRES PORPHYROIDES.

I. — Porphyroïdes de Gouarec (Bretagne).

On a signalé en France bien d'autres porphyroïdes. Toutes peuvent être rattachées à l'un des types précédents. M. Barrois en a pour sa part décrit un grand nombre en Bretagne, parmi lesquelles l'une des plus intéressantes est la porphyroïde de Gouarec.

Autrefois, M. Barrois avait émis l'idée que cette porphyroïde était une roche schisteuse modifiée par injection d'éléments du granite (¹). Depuis, il a fait remarquer que cette roche était interstratifiée *à la façon d'une coulée de rhyolite* (²).

Et c'est bien en effet une rhyolite qui s'est épanchée au début du Carbonifère.

Comme la blaviérite du bassin de Laval, la porphyroïde de Gouarec est située à la limite du Dévonien et du Carbonifère de la région.

Les gisements sont trop restreints pour qu'on puisse tirer des conclusions de la situation même de la roche ; on constate seulement qu'elle est en couches interstratifiées, mais nulle part on n'a trouvé jusqu'ici des produits de projection ou des tufs en rapport avec elle qui permettent de conclure immédiatement à son origine volcanique. On n'a donc pour seul guide que l'examen minéralogique.

Les échantillons qu'on peut recueillir sont généralement fort altérés. Ils sont gris ou jaunâtres, parfois de toucher

---

(¹) *Ann. de la Soc. géol. du Nord*, t. XII. 1884.
(²) *Livret-guide des excursions du Congrès de* 1900 : Bretagne.

doux et d'éclat lustré. Ils contiennent des cristaux, visibles à l'œil nu, de quartz et de feldspaths roses. La roche est très schisteuse ; elle n'est pas très sériciteuse.

On reconnaît au microscope que les feldspaths sont des plagioclases acides. Les quartz sont en morceaux brisés et attestent que la roche a subi des efforts mécaniques.

La pâte est très siliceuse et composée de quartz et de produits chloriteux et sériciteux. Elle est riche en tourmaline et en apatite.

La tourmaline se trouve souvent en grande abondance dans des noyaux de la roche. Ce fait est à rapprocher de ce que nous avons déjà observé dans la blaviérite de la Mayenne. Ici, la forme de ces noyaux donne à penser qu'ils sont le résultat d'une transformation pneumatolitique d'un feldspath.

Dans certains échantillons on trouve encore au sein de la pâte des sphérolites atteignant parfois 1^{mm} de diamètre. Ces sphérolites sont feldspathiques et les radioles qui les constituent sont allongées négativement. Bien entendu, ils n'ont pas échappé aux actions mécaniques qui se sont fait sentir sur la masse de la roche, et sont souvent aplatis et brisés. Ces actions mécaniques sont encore mises en évidence par l'étirement d'anciennes biotites actuellement transformées en produits chloriteux.

Les sphérolites dont nous venons de parler sont tout à fait semblables à ceux des pyromérides.

La schistosité de cette porphyroïde est donc secondaire et, comme nous l'avons déjà constaté, elle a été favorisée par des actions mécaniques. Celles-ci se sont fait sentir sur une rhyolite, un porphyre pétrosiliceux voisin d'un pyroméride, comme on aurait dit autrefois, actuellement dévitrifiée.

II. — Porphyroïdes du bassin d'Ancenis.

Si la porphyroïde de Gouarec est relativement peu séricilteuse, les porphyroïdes du bassin d'Ancenis le sont extrêmement.

Je dois à l'obligeance de M. Welsch d'avoir pu en examiner un échantillon : c'est une roche de couleur verte qui contient des phénocristaux de quartz très corrodés et de feldspaths. Au microscope on y reconnaît encore de la biotite en grande quantité.

Les feldspaths sont de deux espèces, des orthoses et des albites.

Tous ces phénocristaux baignent dans une pâte riche en séricite, mais qui dans les portions peu sériciteuses a l'aspect caractéristique d'un verre dévitrifié. A première vue d'ailleurs pour peu qu'on ait l'habitude de l'étude des plaques minces on reconnaît avoir affaire à une roche franchement volcanique.

Le caractère le plus intéressant de cette porphyroïde est la grande abondance de la séricite.

A un faible grossissement on reconnaît que la plaque de roche est sillonnée de canaux ramifiés plus ou moins larges remplis de séricite et qui la traversent dans le sens de la schistosité. Ces canaux traversent les quartz, les orthoses et les albites.

A côté de ces canaux sériciteux, il y a d'autres séricites qu'on trouve dans les îlots de pâte compris entre ces canaux et en lamelles isolées ou groupées au sein des cristaux d'albite. La séricite n'apparaît jamais de cette façon dans les quartz. Quand il y en a dans les plages d'orthose elle tient partiellement la place d'un cristal d'albite inclus dans cette orthose. Nous aurons bientôt à utiliser ces quelques remarques,

Les porphyroïdes de la Loire sont extrêmement voisines, comme aspect, de la blaviérite de la Mayenne. Ce sont comme elle des roches d'épanchement, d'un autre âge cependant puisqu'elles datent du Silurien moyen.

On a décrit encore bien d'autres porphyroïdes. Nous nous sommes limités aux quelques types précédents qui sont assez classiques et qui nous ont paru assez caractéristiques pour permettre de tirer de leur étude des conclusions précises.

CHAPITRE IX.

CONCLUSIONS RELATIVES AUX PORPHYROÏDES ÉTUDIÉES.

I. — Diversité de leur origine.

On peut se convaincre, à la lecture des pages qui précédent, de la diversité d'origine des porphyroïdes.

Si l'on excepte la roche de Saint-Pierre-du-Chemin que ses caractères rapprochent plus d'une brèche que d'une porphyroïde, on peut constater que la nature *porphyroïde* des autres roches décrites n'est pas un caractère originel de celles-ci.

En effet, nous avons pu différencier des granites, des microgranites et des rhyolites, c'est-à-dire des roches de profondeur et des laves qui toutes ont été primitivement massives et dont la schistosité ne s'est produite que bien après l'époque de leur consolidation.

Toutes ces roches sont de la famille granitique, mais cela

résulte avant tout de ce que nous n'avons considéré comme
porphyroïdes que des roches à phénocristaux de quartz et de
feldspath. Le microscope nous a toujours permis d'y découvrir en plus des cristaux de biotite le plus souvent fort
altérés.

En outre, nous avons reconnu l'existence de lamelles de
séricite et nous avons vu que l'orientation de ces lamelles
déterminait la schistosité de certaines porphyroïdes en même
temps qu'elle était toujours la cause de l'aspect sédimentaire
de la pâte de celles-ci. Or, la séricite n'est pas à proprement
parler un minéral de magma granitique, et, puisque sa présence motive la raison d'être même des porphyroïdes, c'est
sur elle que nous allons surtout porter notre attention

II. -- Caractères de la séricite.

Il n'y a aucune différence, soit d'ordre chimique, soit
d'ordre physique, entre la séricite et la muscovite. L'identité
des deux espèces a été définitivement établie par Laspeyre
en 1880. La désinence *séricite* ou *muscovite* est donnée au
mica blanc potassique suivant son origine. J'ai réservé le nom
de *muscovite* au mica potassique dont on peut affirmer qu'il
date de l'époque de la consolidation même de la roche. La
séricite est le mica potassique formé aux dépens des minéraux
constituant la roche pendant la période de métasomatose.
S'il y a doute, la distinction devient une question de sensation.

Dans certains cas la séricite est polychroïque dans des tons
vert pâle; ce qui peut servir à la distinguer de la muscovite.

III. -- Origine de la séricite.

La séricite est un produit de décomposition des feldspaths.
Ce fait est connu depuis longtemps et les différents auteurs
qui l'ont signalé ont cherché à l'expliquer chimiquement.

Clarke, dans son Ouvrage *The data of Geochemistry*, l'un des derniers en date, considère que la séricite dérive communément de l'orthose et du microcline et aussi des plagioclases.

La transformation de l'orthose se ferait, d'après lui, suivant l'une des deux réactions :

$$3\,KAlSi^3O^8 + H^2O = KH^2Al^3Si^3O^{12} + K^2SiO^3 + 5\,SiO^2$$

ou bien

$$3\,KAlSi^3O^8 + H^2O + CO^2 = KH^2Al^3Si^3O^{12} + K^2CO^3 + 6\,SiO^2$$

Dans les deux cas, il y aurait élimination de potasse.

Les anciens auteurs ignoraient ce fait, aujourd'hui admis, de la transformation de l'orthose en séricite :

Delafosse signale que, sous l'action lente et continuelle de l'eau et de CO^2, l'orthose se décompose en matière argileuse appelée *kaolin,* perdant ainsi toute sa potasse.

Des Cloizeaux fait une remarque analogue. Il juge que, de tous les feldspaths, l'orthose est celui qui se décompose le plus facilement sous l'influence de l'eau et de CO^2.

Quant à l'albite, elle lui paraît beaucoup moins susceptible de s'altérer ; mais cependant, dit-il, elle éprouve parfois une kaolinisation semblable à celle de l'orthose ([1]).

Les auteurs actuels admettent, en général, la possibilité de la transformation des feldspaths en séricite ou en kaolin par voie d'altération.

Rosenbuch considère que l'altération de l'orthose en muscovite (séricite) ou en kaolin ne se distingue pas toujours microscopiquement avec certitude. Dans les deux cas, dit-il, il se forme, dans les fissures du feldspath, un agrégat en fines tablettes d'une substance qui, dans le cas de la musco-

---

([1]) *Manuel de Minéralogie,* 186..

vite, est très biréfringente et l'est peu dans le cas du kaolin ([1]).

Pour ce savant, la transformation de l'albite est rare ; mais, quand elle a lieu, il se produit, comme dans l'orthose, soit du mica incolore, soit du kaolin.

L'observation d'un grand nombre d'échantillons de roches altérées m'a amené à tirer des conclusions qui se sont trouvées en contradiction avec une partie des faits énoncés plus haut.

Considérons le cas d'une roche d'altération moyenne, c'est-à-dire celui d'une roche dans laquelle les feldspaths potassiques et les feldspaths sodiques sont bien déterminables à l'œil nu (généralement les premiers ont une teinte rosée, les seconds sont verdâtres). La séricite apparaît à l'intérieur du feldspath sodique ; elle se produit en n'importe quel lieu de ce feldspath, sous forme de lamelles isolées les unes des autres ou réunies en groupes. Le feldspath potassique ne contient aucune lamelle de séricite. S'il renferme des cristaux d'albite, la séricite est localisée dans l'albite, mais le feldspath du pourtour en est exempt. De même, les veinules d'albite des cristaux de microcline de la plupart des granites deviennent sériciteuses alors que le microcline ne l'est pas.

Quand de l'orthose forme avec de l'albite de très fines microperthites, il pourra se faire, bien que la séricite se produise dans l'albite, que l'orthose paraisse elle-même mouchetée de séricite ; mais il est rare qu'en d'autres points de la roche on ne puisse mettre en évidence l'association minéralogique qui explique cette anomalie.

Dans le cas d'une roche très altérée, on trouve encore des lamelles de séricite à l'intérieur des cristaux de feldspaths sodiques, mais on constate en plus que la roche est traversée

---

([1]) *Mikroskopische Physiographie*, Band. I, zweite Hälfte, p. 307.

par des canaux plus ou moins larges remplis de séricite.

Ces canaux traversent l'orthose et le microcline aussi bien que les cristaux de quartz, et la séricite joue, dans ce cas, par rapport aux feldspaths potassiques, le même rôle qu'elle joue par rapport aux quartz. Ces canaux pourront absorber complètement la place du quartz, ils pourront absorber de la même façon la place du feldspath potassique : l'édifice cristallin est dissous et à sa place vient cristalliser autre chose qui, dans le cas étudié, est de la séricite.

Les îlots d'orthose et de microcline, isolés par ces canaux sériciteux, ne contiennent eux-mêmes aucune lamelle de séricite ; il arrive parfois que de la séricite se loge dans leurs plans de clivage, mais on reconnaîtra toujours dans les sections convenables la disposition en réseau des lamelles de séricite ; les rangées de ce réseau sont les canaux précédents qui ont naturellement frayé leur chemin dans les directions de moindre résistance du cristal.

Si la roche est extrêmement altérée les canaux pourront prendre une ampleur telle qu'elle paraîtra complètement sériciteuse.

De tous ces faits on peut conclure :

1° Que la séricite est avant tout un produit de transformation des feldspaths sodiques ;

2° Qu'elle peut se produire en dehors de ceux-ci et prendre la place d'autre chose qui a été éliminé dans la roche ;

3° Qu'elle n'est pas un produit de transformation des feldspaths potassiques.

IV. — Réponse à quelques objections.

Le dernier point de nos conclusions est en opposition avec les idées généralement admises. On peut objecter à ces conclusions :

1° Que le mica blanc produit dans le feldspath sodique est un mica sodique ;

2° Que les orthoses ou microclines résistent plus aux altérations que les plagioclases et que leur transformation en séricite, plus longue à apparaître, finira nécessairement par se produire.

A priori, en effet, rien n'empêche d'admettre que le mica blanc, formé au sein des surfaces sodiques, soit un mica sodique, c'est-à-dire de la paragonite, la séricite ne pouvant pas en général se distinguer par ses caractères microscopiques de ce mica. Mais des analyses chimiques ont été faites sur des albites pures et sur leurs produits de décomposition dans les laboratoires de l'Université d'Upsal : une albite contenant 0,32 de K^2O et 11,50 de Na^2O fournit un produit de décomposition contenant 10,18 pour 100 de K^2O et 3,19 pour 100 de Na^2O. Il y a perte de soude et enrichissement en potasse. Le mica formé est donc bien un mica potassique ([1]).

D'autre part, on a pu voir dans un des Chapitres précédents, d'après les résultats de quelques dosages de potasse et de soude, que plus une roche en voie de décomposition perdait en soude plus elle gagnait en potasse, et constater que le nouveau minéral formé était un mica (séricite).

Il y a d'ailleurs un caractère assez précis, bien qu'empirique, qui permet de prévoir à l'œil nu le résultat de la transformation : c'est que la séricite est toujours plus ou moins verdâtre, tandis que la paragonite est blanche. Or on constate toujours que les albites verdissent en s'altérant.

([1]) Ces analyses sont citées par Carl Benediks dans un article : *Umwandlung der Feldspaths in Sericit (Kaliglimmer).* paru dans le *Bulletin of the Geological Institution of the University of Upsala,* t. VII, 1904-1905, n°s 13, 14. Benediks est frappé de la production de la séricite dans un minéral sodique, mais il admet que ce minéral puisse se produire aussi dans un feldspath potassique.

On peut donc conclure avec certitude que le mica blanc formé dans les plagioclases est bien de la séricite.

Il est incontestable que les feldspaths potassiques résistent plus à l'altération que les plagioclases. Il est cependant des cas où l'on peut observer côte à côte un plagioclase et un microcline altérés tous deux: par exemple, dans certains échantillons des microgranites de la vallée de la Meuse. On constate alors que le plagioclase, ici de l'albite, se charge de séricite, tandis que le microcline se trouble, devient opaque, se remplit de granulations jaunâtres et se charge de calcite, sans qu'il se produise de séricite à ses propres dépens ; et alors que dans les portions non sériciteuses d'un cristal d'albite tous les caractères optiques de celles-ci sont conservés, le microcline les perd complètement dans ses parties altérées.

J'ai dit plus haut que, si la roche est extrêmement altérée, elle peut être complètement sériciteuse ; mais de ce qu'il n'y a plus de feldspaths potassiques on ne peut conclure que ceux-ci ont été transformés en séricite, car, d'une part, il arrive que la séricite prend la place du quartz aussi bien que celle des feldspaths, et l'on ne peut pas plus penser à une transformation du feldspath qu'à une transformation du quartz, mais bien à une dissolution et à un remplacement subséquent de l'un et de l'autre, et d'autre part on peut trouver des échantillons altérés où le feldspath potassique tombe complètement en poussière, réduit à l'état de poudre argileuse, bien qu'autour de lui il y ait abondance de séricite.

D'ailleurs, si la séricite est bien uniquement un produit de décomposition des feldspaths sodiques, on doit s'attendre à n'en point trouver dans les roches uniquement orthosiques, et c'est effectivement ce qu'on constate : par exemple, traversant le microgranite de Genis, en Corrèze, ou celui de La Châtaigneraie, en Vendée, on trouve des filons d'une aplite à structure concrétionnée composée uniquement de quartz et d'orthose; or, on ne trouve dans ces filons aucune trace de séricite, même dans les parties les plus altérées, alors qu'elle abonde dans la roche encaissante.

Il faut donc bien admettre que la séricite, mica blanc produit par voie d'altération, vient de la substitution de la potasse à la soude dans un plagioclase.

V. — Conditions de la transformation d'un plagioclase en séricite.

Supposons qu'un certain volume d'un cristal d'albite soit tout entier transformé en séricite. Considérons le volume qui contenait 10^{mol} de soude dans l'albite; le rapport des volumes moléculaires de l'albite et de la séricite (muscovite) est tel, que le même volume transformé en séricite contiendra seulement 7^{mol} environ de potasse, mais il contiendra environ trois fois plus de molécules d'alumine, c'est-à-dire 21^{mol} au lieu des 10^{mol} que contenait l'albite.

Pour qu'il y ait transformation de l'albite en séricite, il faut donc qu'avec l'apport de potasse qui motive la transformation il y ait un notable apport d'alumine; mais il n'est pas nécessaire qu'il arrive autant de molécules de potasse qu'il va partir de molécules de soude. De plus, étant donné que pour 1^{mol} d'alcalis la séricite ou l'albite contiennent toutes deux 6^{mol} de silice, il y aura dans la transformation élimination de silice. Quant à l'eau qui entre dans la composition du mica blanc, nous ne nous en occuperons pas, car elle est le véhicule nécessaire de tous les éléments qui circulent dans la roche.

On est conduit à se demander quelle est l'origine de la potasse qui sert à la production de la séricite. Les seuls minéraux potassiques du voisinage sont l'orthose ou le microcline et la biotite.

Quand la biotite s'altère, son premier produit d'altération est une chlorite : la chlorite n'est pas, à proprement parler, un minéral potassique ; néanmoins, toutes les fois qu'on a fait une analyse complète d'une chlorite on y a décelé de la potasse, parfois plus de 1 pour 100. Nous ignorons complètement si dans les chlorites qui résultent de l'altération des biotites la potasse s'en va en totalité ou partiellement ; néanmoins, on peut admettre qu'il est des cas où la potasse des biotites servira à l'édification de la séricite dans les feldspaths sodiques ; en particulier, dans une roche uniquement composée d'albite et de biotite, comme c'est le cas de certains types de microgranites de la vallée de la Meuse, si l'albite est sériciteuse on ne pourra pas imaginer que la potasse vienne d'ailleurs que des biotites avoisinantes, qui sont précisément transformées en chlorite (¹). Mais, dans ce cas, la transformation en séricite est peu importante, ce qui s'explique, d'une part, par la faible teneur en potasse des biotites et, d'autre part, par la surabondance de l'albite.

On constate, au contraire, que dans une roche contenant de la biotite, des feldspaths potassiques et des feldspaths sodiques, la transformation en séricite de ces derniers est beaucoup plus forte. Or, dans ce cas, il est fréquent que les biotites ne soient pas altérées, c'est-à-dire qu'elles conservent tous leurs caractères de biotites. S'il en est ainsi, on ne peut trouver à la potasse de la séricite d'autre origine que le feldspath potassique lui-même.

On peut d'ailleurs constater d'une façon générale que plus

(¹) Il faut cependant, pour qu'on puisse affirmer le fait, que la stratification soit telle que des sels de potasse venant d'ailleurs n'aient pas pu circuler dans les parties de la roche considérée.

les feldspaths potassiques sont altérés, plus la transformation
en séricite des feldspaths sodiques est intense.

Nous avons vu que, dans certains cas, un échantillon de
roche très sériciteuse est plus riche en potasse que la partie de
la même roche non altérée : on peut en conclure immédiatement que la potasse qui sert à la production de la séricite ne
vient pas toujours du voisinage immédiat des parties sériciteuses. Cela explique d'autre part pourquoi l'on peut observer
des plagioclases très sériciteux à côté d'orthoses intactes. Il
faut admettre que la potasse vient, en grande partie, d'autres
régions du massif où l'on ne devra plus trouver ni plagioclases ni orthoses.

Ces régions ayant dû se trouver dans les parties hautes des
gisements ont été les premières soumises à la désagrégation
par les agents atmosphériques, et l'on conçoit qu'elles n'existent plus que rarement aujourd'hui. Néanmoins, on les
retrouve parfois sous forme d'amas siliceux, où l'on ne distingue plus que le squelette des cristaux de feldspaths ([1]).

Les sels de potasse qui circulent dans la roche et motivent
la formation de la séricite peuvent être soit un résidu de
kaolinisation des feldspaths potassiques, soit un produit de
dissolution de ceux-ci.

On peut penser que le second cas doit être le plus favorable
à la production de la séricite, car, avec la potasse qui sort de
l'édifice chimique du feldspath potassique, sort aussi toute
l'alumine, tandis que s'il y a kaolinisation l'alumine du feldspath potassique reste fixée à l'état de kaolin ; or, nous avons
vu que la séricite contenait trois fois plus d'alumine que les

---

([1]) Cette silice, dans les cas que nous avons observés, est fournie par des
bancs gréseux qui surmontent la roche en place.

feldspaths alcalins pour le même nombre de molécules d'alcalis ; il faut, par conséquent, que de l'alumine circule dans la roche et qu'elle circule le plus abondamment possible, ce qui ne peut être réalisé que si l'orthose ou le microcline se dissout dans la totalité de ses éléments.

Et précisément il est intéressant de constater que dans les roches en voie de devenir sériciteuses, soit l'orthose, soit le microcline est souvent chargé de calcite ; cette calcite n'a pu venir cristalliser au sein de ces feldspaths qu'en en chassant tous les éléments.

Quand le feldspath potassique se trouble, se charge de granulations jaunâtres et perd ses caractères optiques, il est impossible de se prononcer entre une kaolinisation ou une dissolution.

Ces remarques sur la décomposition des feldspaths sont d'accord avec les idées récemment émises en géologie agricole.

Quoi qu'il en soit, la production de la séricite exige que les éléments de l'orthose se trouvent en présence des éléments de l'albite : la soude est éliminée et la potasse reste fixée.

La séricite ne cristallise pas nécessairement à la place même où a lieu la réaction ; elle peut être entraînée et venir cristalliser en dehors de l'albite, et c'est pourquoi on la trouve dans les fissures des quartz et dans les druses ou les cassures des roches.

VI. — Autre mode de production de la séricite.

La séricite est donc un produit de pseudomorphose des plagioclases. Mais, en dehors de ceux-ci, elle peut se produire dans la pâte des roches vitreuses en voie de métasomatose. On conçoit facilement que ces verres décomposés sous l'action des eaux puissent être assez alcalins pour que leurs éléments

L.   5

réagissant les uns sur les autres soient dans les mêmes conditions que les produits de décomposition des feldspaths potassiques et sodiques.

La séricite sera, dans ce cas, un produit de dévitrification des verres alcalins.

C'est un cas fréquemment réalisé dans les rhyolites anciennes et dont la blaviérite de la Mayenne constitue un excellent exemple.

VII. — Classification des porphyroïdes.

Ces conclusions posées sur l'origine de la séricite, nous pouvons répartir les porphyroïdes que nous avons étudiées en deux classes ([1]) :

1° Roches primitivement porphyriques ;
2° Roches primitivement grenues.

La structure porphyrique étant acquise aux premières, elles l'ont évidemment conservée et les circulations d'eau ont amené la production de séricite qui a donné à leur pâte les caractères de la pâte des porphyroïdes.

Les roches de la seconde catégorie ont dû, au contraire, acquérir la structure porphyrique. Elles la doivent à ce fait que leurs feldspaths s'altèrent différemment.

Les plagioclases se transformant en séricite vont devenir une pâte au sein de laquelle nageront les cristaux de quartz et les feldspaths potassiques. Ainsi la roche deviendra porphyrique.

Pour que la pâte s'oriente, c'est-à-dire pour qu'il se produise dans la roche une direction de schistosité, il faudra que la

---

([1]) La porphyroïde de Saint-Pierre-du-Chemin (Vendée), vu ses caractères spéciaux, étant éliminée.

séricite cristallise suivant une direction privilégiée. Ce sera, en particulier, le cas des roches ayant subi des efforts dynamiques. Les eaux circuleront de préférence suivant les surfaces parallèlement auxquelles s'est exercé l'effort, et sur ces surfaces la séricite, en venant cristalliser, donnera à la roche cet aspect lustré ou cireux caractéristique des porphyroïdes.

C'est, en particulier, ce qui s'est passé pour le granite de Mareuil-sur-le-Lay.

Bien que les porphyroïdes que nous avons étudiées se réduisent aux quelques types qui viennent d'être décrits, on peut concevoir que d'autres roches constituées par les mêmes éléments minéralogiques aient pu fournir des porphyroïdes : ce peut être le cas de certains tufs de rhyolites ou de certaines arkoses granitiques. Dans les deux cas il faudra que de la séricite se développe à l'état de pâte et que ses lamelles s'orientent de façon à donner à la roche un aspect schisteux.

Nous sommes donc toujours ramenés à l'étude de la production de la séricite qui est du même mode dans toutes les roches acides. Aussi ce que nous avons dit pour les types que nous avons décrits devra nécessairement se vérifier dans les cas de tufs ou d'arkoses.

Beaucoup de roches décrites en Allemagne comme porphyroïdes sont effectivement des tufs. Les Allemands ont pris soin, dans ce cas, de les désigner sous le nom de *Tufporphyroïd*.

VIII. — Extension de la question.

Au commencement de ce travail nous avons défini les porphyroïdes : des roches schisteuses à texture porphyrique contenant des cristaux de quartz et de feldspath. De fait, toutes les porphyroïdes que nous avons étudiées contiennent des cristaux de quartz ; mais on peut se demander s'il existe des porphyroïdes sans quartz, c'est-à-dire des roches schis-

teuses ayant une pâte de sédiment, mais dont les phénocristaux ne seraient que des feldspaths ; ou, en posant différemment la question : existe-t-il des roches sans quartz dans
lesquelles l'association de feldspaths potassiques et de feldspaths sodiques soit telle que de la séricite puisse s'y développer ?

A coup sûr ces roches sont rares ; elles existent cependant
et on les a signalées, en Allemagne principalement, sous le
nom de *Serizit-porphyroïd* ou *porphyroïdischer Serizitgneiss*.

Il existe en France un certain nombre de roches qu'on
pourrait rapprocher des types allemands, mais à propos desquelles la question porphyroïde ne s'est jamais posée.

Cependant, au lieu de restreindre la classe des porphyroïdes
à des roches sériciteuses, on aurait pu y comprendre toutes
les roches porphyriques dont la pâte a la composition et la
structure d'un sédiment schisteux quelconque.

Il existe des schistes chloriteux sédimentaires dont on peut
rapprocher certaines roches porphyriques de pâte tout à fait
analogue. Ce sont des roches de la famille des diabases dans
lesquelles, pour une raison quelconque, un feldspath s'est
individualisé en cristaux assez volumineux.

Ces porphyroïdes chloriteuses sont d'ailleurs des roches ex-
ceptionnelles. L'une d'elles est ce que Dumont avait nommé
albite chloritifère. Elle contient d'ailleurs des phénocristaux
de quartz ; mais on pourrait imaginer une roche identique
qui ne contiendrait que des feldspaths. A ma connaissance,
on n'en a pas encore signalé.

Par laminage et par altération les roches basiques se trans-
forment en schistes chloriteux sans qu'aucun de leurs éléments puisse jouer le rôle de phénocristal.

Cette considération des schistes chloriteux pourrait amener
à classer comme porphyroïdes quelques roches à biotites qui,

par altération, se sont transformées en chlorites ; mais il est exceptionnel que des roches riches en biotites deviennent très chloriteuses. Quant aux roches qui contiennent peu de biotites, la transformation faite sur place est insuffisante pour leur donner un aspect schisteux.

En résumé, nous sommes amenés à cette idée que les seules roches véritablement aptes à fournir des porphyroïdes sont des roches de la famille granitique.

Puisque la présence des feldspaths calco-sodiques est avant tout nécessaire dans la production de la séricite, plus une roche en contiendra plus elle aura de chance de devenir une porphyroïde.

Plus spécialement, certaines roches de la famille des microgranites, qui contiennent des phénocristaux de quartz et des feldspaths potassiques dans une pâte uniquement constituée de quartz et d'albite, seront prédestinées à fournir des porphyroïdes, puisque tous les feldspaths de la pâte pourront devenir sériciteux.

Ces microgranites constituent une classe spéciale de roches que les Allemands ont assez vaguement désignées sous le nom de *Kératophyres* et à propos desquelles j'ai eu l'occasion de faire quelques remarques éclairant d'un certain jour l'histoire de leur cristallisation.

Ce sont quelques types d'entre eux déjà étudiés en tant que porphyroïdes dans les Chapitres précédents qui vont être l'objet de notre étude dans la seconde Partie de ce travail.

SECONDE PARTIE.

CHAPITRE PREMIER.

I. — Association du microcline et de l'albite.

Nous avons reconnu que les porphyroïdes de la vallée de la Meuse étaient des microgranites. C'est maintenant à ce point de vue que nous allons les considérer.

Comme nous l'avons précédemment indiqué, on peut les diviser en deux classes : la première est composée des microgranites à microcline ; la seconde, des microgranites sans microcline.

L'une et l'autre classes contiennent des phénocristaux d'albite et de quartz. La pâte est toujours composée d'un mélange de quartz, d'albite et de biotite ; parfois elle contient en plus de la muscovite.

Renard a signalé, il y a longtemps, l'association spéciale du microcline et de l'albite à Mairus et le contraste existant entre la vivacité des arêtes de l'albite, la netteté de ses contours et les formes ovoïdes, les angles abattus des cristaux de microcline.

L'examen microscopique montre que le microcline est corrodé ; une zone d'albite l'enveloppe et s'oriente sur lui, de façon que les faces g' d'une part et d'autre part les arêtes pg' des deux espèces soient parallèles.

Le microcline est ainsi recouvert d'une sorte de croûte : quand elle rencontre un golfe de corrosion, cette croûte est interrompue et, dans le golfe, de l'albite en cristaux libres allongés ou raccourcis suivant l'espace, orientés ou non comme la croûte du cristal, s'individualise.

Cette croûte appliquée sur le cristal de microcline n'est pas uniquement constituée par de l'albite, mais par un mélange d'albite et de quartz. Le quartz en fines veinules s'est répandu, semble-t-il, parallèlement aux plans de clivages p et g', de sorte qu'il paraît découper des escaliers dans la croûte d'albite ; il est d'orientation optique identique aux parties avoisinantes de la pâte auxquelles il se rattache. Il y a eu cristallisation simultanée de l'albite et du quartz, de sorte que cette croûte qui entoure le cristal de microcline peut passer pour une façon de micropegmatite.

Les macles de l'albite de cette zone de bordure sont nombreuses et courtes, interrompues brusquement avec terminaison en biseau d'un des individus dans l'autre ; mais il y a tous les passages entre cette forme d'albite et celle qui caractérise les cristaux isolés du sein de la pâte. Les pénétrations de quartz sont interrompues dans un coin de la croûte, les macles sont moins nombreuses et il y a tendance à l'individualisation d'un cristal. Dans d'autres cas, le quartz manque totalement et les noyaux de microcline sont entourés de cristaux d'albites à formes nettes, et comme terme extrême on arrive à l'association de deux cristaux, un microcline et une albite généralement placés bout à bout. C'est un cas fréquent aussi bien à Mairus qu'aux Dames de Meuse et qui se manifeste à l'œil nu par les différences de couleur des deux feldspaths, l'un rose, l'autre verdâtre.

II. — Ancienneté des microclines.

Outre cette croûte d'albite qui est fréquente, mais n'existe pas toujours, un enduit de biotite recouvre fréquemment les cristaux de microcline et pénètre d'ailleurs comme l'albite dans les golfes de corrosion de celui-ci ; de sorte que nous pouvons déjà conclure que la cristallisation du microcline est antérieure à la cristallisation de l'albite et de la biotite. Elle est antérieure aussi à la cristallisation des phénocristaux de quartz, car ceux-ci contiennent des biotites qu'ils ont moulés en cristallisant ; antérieure même à celle de l'apatite qui a cristallisé en même temps que la biotite.

Le microcline se présente donc sous forme d'individus anciens corrodés et sur lesquels ont eu tendance à se précipiter quartz, albite et biotite. C'est l'élément le plus anciennement cristallisé, et, comme il n'existe qu'à l'état de phénocristaux, on peut conclure qu'il a cristallisé *en totalité* avant tout autre minéral.

III. — Instabilité des microclines.

Pseudomorphoses des microclines en albite. — Dans les variétés de ces microgranites qui ne contiennent pas de feldspaths potassiques, on constate que l'albite s'individualise sous deux formes différentes :

Une forme qui est du type connu des plagioclases des porphyres : macles de l'albite et de la péricline, contours nets des cristaux ;

Une autre forme dont les sections sont des plages à contours semblables à ceux des phénocristaux de microcline. Les macles de l'albite (*Pl. I, fig.* 1), comme dans le cas de la croûte des microclines, y sont nombreuses, courtes, interrompues brusquement par la terminaison en biseau d'un individu dans l'autre. Fréquemment la plage est divisée en deux parties dans lesquelles l'orientation des macles est différente, par suite de la coexistence de la macle de Carlsbad et des macles de l'albite.

Fréquemment aussi une croûte d'albite identique à celle qui borde les phénocristaux de microcline enveloppe des noyaux arrondis de cette albite spéciale. On retrouve encore à l'intérieur de ce noyau les mêmes phénocristaux d'albite que ceux qui se sont développés dans les golfes de corrosion des noyaux de microcline.

Dans les variétés dont il est ici question, cette forme d'albite est répartie dans les mêmes proportions que le microcline dans les variétés à feldspaths potassiques ; de sorte que nous sommes conduits à admettre que ce mode spécial d'individualisation de l'albite est dû à une pseudomorphose des cristaux de microcline.

On peut d'ailleurs trouver tous les passages des cas de pseudomorphose complète aux cas de pseudomorphose partielle.

Quand la pseudomorphose est faible, le microcline est moucheté d'albite (*Pl. I, fig. 2*) ; ces mouchetures augmentent de dimensions, se réunissent les unes aux autres, forment des taches qui, dans certains échantillons, vont jusqu'à absorber toute la masse du feldspath potassique. Mais il n'est pas rare de trouver dans ces mêmes échantillons, au milieu des plages de cette albite spéciale, des facules de microcline non transformé.

Pour la commodité du langage, je désignerai ce phénomène de pseudomorphose sous le nom d'*albitisation* du feldspath potassique. J'appellerai *albite de substitution* le produit de cette albitisation, réservant aux cristaux d'albite automorphe le nom d'*albite libre* (*Pl. II, fig. 2*).

Caractères de l'albite de substitution. — Il est impossible de confondre un microcline albitisé avec une microperthite d'albite et d'un autre feldspath. La régularité du groupement de celle-ci manque totalement dans celui-là.

Il n'y a pas lieu non plus de comparer l'albite de substitution avec l'albite qu'on rencontre dans le microcline à l'état de veinules précisément à cause de la forme de taches revêtue par l'albite de substitution.

Cependant la figure des macles de l'albite est la même dans l'albite de substitution, dans les microperthites et dans les facules d'albite des microclines ; aussi n'est-il pas étonnant qu'on ait souvent fait confusion et pris pour des microperthites ce qui est un feldspath incomplètement albitisé.

Dans les microgranites de la vallée de la Meuse tous les feldspaths potassiques ont subi un commencement d'albitisation. L'albite de substitution formée n'occupe pas dans le microcline une position spéciale ; par exemple elle ne se localise pas d'abord à la bordure, ou ne se produit pas de préférence dans des plans de clivage ; elle imprègne le cristal d'une façon quelconque.

Autres pseudomorphoses des microclines. — L'albite de substitution n'existe pas toujours seule ; elle est accompagnée dans certains cas de quartz, de biotite et de muscovite. On peut même recueillir des échantillons où les feldspaths potassiques sont surtout transformés en biotite et en muscovite, sans que l'albite de substitution manque cependant complètement.

Cette association fréquente de l'albite de substitution et de la biotite écarte complètement l'idée que le phénomène d'albitisation puisse être secondaire, c'est-à-dire qu'il se soit produit pendant la période de métasomatose de la roche. Elle met en évidence l'instabilité du microcline vis-à-vis du magma dans lequel il baignait.

Caractères de la transformation des microclines en musco-vite et en biotite. — La muscovite ne se produit que quand la transformation est complète, c'est-à-dire quand tout le feldspath potassique a disparu. Dans ce cas, la muscovite est parfois accompagnée de biotite, mais la transformation en muscovite est plus générale que la transformation en biotite.

Quand l'albite de substitution est bordée d'une croûte d'albite, la muscovite ne se produit pas dans la croûte, mais seulement dans le noyau.

Ni la biotite ni la muscovite ne s'orientent de façon spéciale par rapport au feldspath albitisé.

Fig. 3.

L'albite de substitution *s*, qui a pris la place d'un groupe de cristaux de microcline, est associée à la muscovite *m* et à du quartz *q*. De l'albite libre *p* a cristallisé en outre. Grossi 8 fois environ. Barrage de Laifour, rive gauche.

La muscovite est souvent accompagnée de plages quartzeuses ; une pseudomorphose fréquente est celle qui est constituée par un mélange d'albite, de muscovite et de quartz.

La muscovite et la biotite sont deux minéraux potassiques ; mais, de ces deux minéraux, la muscovite seule peut s'être formée tout entière uniquement aux dépens du feldspath potassique. La biotite au contraire nécessite l'arrivée de magnésie et de fer.

IV. — Étude spéciale de l'albitisation.

Nature du microcline albitisé. — Les très gros cristaux roses de feldspath du gisement de la tranchée de la route, près des forges de Mairus (gîte 1), présentent les caractères microscopiques habituels des cristaux de microcline : c'est-à-dire le quadrillage typique de la face *p* produit par la coexistence des individus maclés suivant les lois de l'albite et de la péricline, et les facules ou filonnets d'albite traversant le cristal (*Pl. IV, fig.* 1).

Tous les cristaux de feldspath potassique des autres gisements sont aussi des microclines, mais des microclines différents du type précédent (*Pl. III, fig.* 1 et 2). En effet, ils ne présentent pas la macle de la péricline et sont composés de lamelles de dimensions variables, maclées suivant la loi de l'albite, souvent plus épaisses et toujours beaucoup plus courtes que les lamelles composant le microcline du type précédent. Ces cristaux sont d'ailleurs bien du microcline, car les lamelles s'éteignent dans la face *p* symétriquement à 15° de la trace de *g'*.

Ces deux types de microcline peuvent être corrodés, mais seul le second type, celui qui ne présente pas la coexistence des deux macles, a subi l'albitisation.

L'albite se groupe sous forme de croûte sur l'un ou l'autre de ces deux types.

Origine de la croûte des microclines. — L'épaisseur de la croûte est extrêmement variable. Dans certains cas elle n'existe qu'aux extrémités du cristal, vers les faces *m*, et elle est nulle le long des faces *g'* ; mais il arrive aussi que tout le cristal de microcline est à l'état de croûte, ou en d'autres termes que ce feldspath est remplacé par un mélange d'albite et de quartz régulièrement groupés (*Pl. II, fig.* 1).

Dans le cas d'un microcline très corrodé, ayant subi ou non l'albitisation, la croûte d'albite a une forme quelconque : mais parfois sa surface extérieure est la même que celle d'un feldspath intact.

D'autre part, on constate que des feldspaths peu ou pas albitisés possèdent souvent une véritable croûte de composition identique au noyau sur lequel elle est appliquée et dont l'enveloppe extérieure est celle d'un cristal de microcline.

Cette croûte *potassique* possède, comme la croûte d'albite, la particularité d'être pénétrée de quartz suivant le plan de clivage *p* et *g'*. Cette croûte est souvent complètement isolée de son noyau, mais souvent aussi elle s'y rattache, de sorte qu'il n'y a plus ni croûte ni noyau, mais un feldspath pénétré de filaments de quartz.

Ces observations nous conduisent à rattacher la formation de la croûte des feldspaths potassiques à un phénomène de corrosion et à la distinguer, au moins à son origine, du phénomène d'albitisation.

Caractères distinctifs de la croûte des microclines et de l'albite de substitution. — On constate fréquemment dans un cristal de microcline complètement albitisé, bordé lui-même d'une croûte d'albite, que les lamelles maclées suivant la loi de l'albite sont plus nombreuses et plus fines dans la croûte que dans le noyau.

De plus, la macle de la péricline, qui manque totalement dans le noyau, apparaît fréquemment dans la croûte.

Si au milieu des plages d'albite de substitution il s'individualise des cristaux d'albite libre, ces cristaux sont souvent maclés à la fois suivant la loi de l'albite et suivant la loi de la péricline.

Nous avons vu qu'il y avait passage de la croûte d'albite à l'albite libre, de sorte que nous sommes amenés à conclure que, toutes les fois qu'il y a tendance à la production d'albite libre, l'albite produite a la faculté de se macler suivant la loi de la péricline.

Marche du phénomène d'albitisation. — Le microcline individualisé en totalité et seul dans un magma se trouve à un moment, pour une cause que nous n'examinerons pas, en état d'instabilité vis-à-vis de ce magma.

L'instabilité est de deux formes : c'est d'abord une instabilité de l'édifice cristallin, le microcline se corrode ; puis, par une instabilité de l'édifice chimique, il se transforme en albite.

La corrosion se fait suivant les plans de clivage p et g', de sorte qu'elle a pour effet d'isoler tout autour du cristal de petits parallélépipèdes.

Si les choses en restent là, le microcline paraîtra recouvert d'une croûte de même substance ; mais, si la corrosion est poussée jusqu'à la destruction complète de cette croûte, de l'albite en cristaux libres s'individualisera à sa place.

Cependant, si l'édifice chimique est instable, l'albitisation qui en est le résultat se produira sur la croûte potassique avant sa destruction par la corrosion, et il se formera tout autour du noyau de microcline une croûte dont les caractères se rapprocheront de ceux de l'albite de substitution.

Mais si le phénomène de corrosion et le phénomène d'albitisation se produisent ensemble, c'est-à-dire si la corrosion se produit sur une partie à côté de laquelle une autre partie est en voie d'albitisation, il n'y aura rien d'étonnant à trouver dans la croûte ainsi formée des caractères intermédiaires entre ceux de l'albite libre et ceux de l'albite de substitution :

Fig. 4.

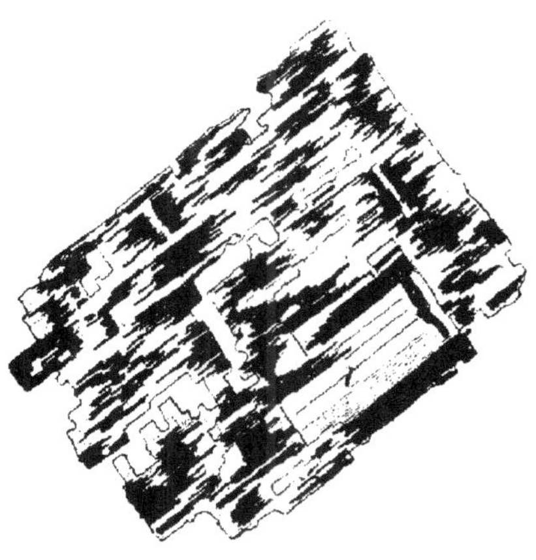

L'albite de substitution s'est produite en même temps que le microcline se corrodait. De l'albite libre *l*, maclée suivant les lois de l'albite et de la péricline, s'est orientée sur les anciennes directions cristallographiques du microcline. Gisement de la Commune, rive gauche (gîte 5).

les cristaux d'albite libre qui tiennent la place des portions de microcline corrodées ayant la possibilité de se macler suivant la loi de la péricline.

Si l'albitisation se produit sur toute la masse du cristal il pourra se faire qu'en même temps la corrosion se propage dans certaines directions, de sorte que là où l'édifice cristallin sera détruit de l'albite libre s'individualisera. Celle-ci sera le plus souvent, mais pas nécessairement, en relation de position avec les anciennes directions cristallographiques du microcline maintenant albitisé.

L'observation microscopique des microclines incomplètement albitisés fait supposer que chacun des individus maclés dont l'ensemble constitue le cristal de microcline est remplacé par un ou plusieurs individus d'albite, ou au moins qu'un groupe de plusieurs individus de microcline maclés est remplacé par un groupe de deux ou plusieurs individus maclés d'albite ; car les lignes de contact observées entre les petits individus constituant le microcline et ceux de l'albite de substitution sont les mêmes.

Dans ces conditions, l'orientation de l'albite par rapport au microcline ne permet pas une autre macle que la macle de l'albite.

La question de savoir ce qui se passerait si le microcline présentait lui-même ses deux espèces de macles ne se pose pas, puisque cette sorte de microcline n'est jamais albitisée; mais il est à remarquer que ce microcline est souvent recouvert d'une croûte d'albite qui présente fréquemment les mêmes caractères physiques que ceux de l'albite de substitution.

Il est difficile de se rendre compte de ce qui se passe quand l'albitisation se produit; aussi nous bornons-nous à constater le fait.

Cependant, il est logique d'admettre que la soude a remplacé la potasse molécule pour molécule. Dans ce cas, étant donnée l'infériorité du volume moléculaire de l'albite sur celui du feldspath potassique, il faut qu'il se soit produit un retrait dans certaines parties de la masse : et, en effet, on constate souvent l'existence de vides au sein de l'albite de substitution, parfois remplis de minéraux secondaires, calcite ou chlorite, d'autres fois immédiatement comblés par du quartz ou même par de l'albite libre.

V. — Étude de la pâte des microgranites ardennais.

Ce qui deviendra plus tard la pâte du microgranite a donc tendance à se substituer aux phénocristaux de microcline.

Cette pâte présente à peu près constamment la même composition minéralogique. Sa structure varie depuis la structure grenue jusqu'à la structure sphérolitique, avec une tendance marquée à l'arrangement micropegmatique du feldspath et du quartz.

Le feldspath est uniquement de l'albite. Dans le type le plus voisin de la structure grenue, ses cristaux n'ont pas habituellement de contours nets : ils s'enchevêtrent dans des plages quartzeuses ; les macles y sont nombreuses et fines ; elles ont un facies intermédiaire entre celui de l'albite de substitution et celui de l'albite libre. On trouve d'ailleurs tous les passages des cristaux d'albite de la pâte aux phénocristaux d'albite libre.

Ceux-ci réduisent leurs dimensions, se groupent autour d'un cristal de biotite et dans ce cas possèdent généralement cette particularité d'être composée de trois individus maclés dont l'un, celui du milieu, est réduit à une fine lamelle ; les deux autres, celui de droite et celui de gauche identiquement orientés, s'étant largement développés.

Il arrive souvent que la biotite disparaît par voie d'altération ; alors les cristaux d'albite semblent tapisser l'intérieur d'une druse, mais ce n'est là qu'une apparence qui ne peut en aucune façon permettre de conclure à l'existence de litophyses dans la roche.

La biotite a cristallisé d'une façon continue depuis l'époque de la corrosion des microclines jusqu'à la consolidation définitive de la roche. Elle ne présente d'ailleurs aucun caractère spécial, mais il y a lieu de faire à son sujet une remarque importante : il y a certains échantillons dans la masse desquels elle est répartie par paquets. Dans ce cas, les cristaux d'albite auxquels elle est associée sont aplatis suivant g' et se présentent en coupe sous la forme de longues baguettes.

Quand la structure est sphérolitique, les cristaux d'albite de la pâte revêtent l'aspect de microlites ([1]). Ceux-ci sont toujours allongés suivant pg'. Leurs contours ne sont pas toujours nets ; fréquemment, par un point de leur surface. ils se relient aux filaments feldspathiques du sphérolite qui les contient.

Tous ces petits cristaux d'albite sont maclés. Ils sont constitués de petits individus allongés, mais fréquemment interrompus et imbriqués l'un dans l'autre.

CHAPITRE II.

ÉTUDE CHIMIQUE DES MICROGRANITES ARDENNAIS.

I. — Divisions.

L'albitisation des feldspaths potassiques est le phénomène dominant des premières époques de consolidation des microgranites ardennais.

Ainsi envisagés. nous les diviserons en roches à microclines complétement albitisés et en roches à microclines peu ou pas albitisés.

La pâte de l'une et de l'autre de ces deux classes ne contient

---

([1]) Ces microlites d'albite, comme d'ailleurs tous les cristaux de la pâte, ont été déterminés par la méthode qui a servi à déterminer les phénocristaux. Sections perpendiculaires à la bissectrice n_p.

jamais de feldspath potassique, mais certaines variétés contiennent de la muscovite.

Suivant la répartition de la muscovite on peut distinguer plusieurs types:

Premier type. — La muscovite est abondante dans la pâte; les microclines sont presque intacts.

Deuxième type. — La muscovite, associée à la biotite et à très peu d'albite de substitution. pseudomorphose complètement les microclines ; il y a en outre un peu de muscovite dans la pâte.

Troisième type. — Pas de muscovite ; microclines peu albitisés.

Quatrième type. — *a.* Très peu de muscovite soit dans l'albite de substitution, soit dans la pâte: il ne reste plus trace de microcline.

b. Pas de muscovite ; microclines *presque* complètement albitisés.

Cinquième type. — Pas de muscovite ; microclines complètement albitisés.

Les deux derniers types correspondent à la première classe, les trois premiers à la seconde.

On conçoit tout l'intérêt que va prendre le dosage des alcalis, puisque les divisions et les subdivisions de ces roches sont avant tout basées sur la présence ou l'absence de minéraux potassiques.

II. — Analyses.

Le Tableau ci-contre donne quelques analyses complètes et quelques dosages d'alcalis effectués sur les types précédemment considérés ([1]).

---

[1] Quelques analyses des roches de la vallée de la Meuse ont été autrefois

	A.	B.	C.	D.	E.	F.	G.
Perte au feu...	0,9	0,8	1,0	0,6	0,5	0,4	0,7
SiO^2	73,9	70,8	74,7	78,8	78,1	81,1	77,4
Al^2O^3	13,9	15,0	13,3	10,9	12,8	10,8	13,8
Fe^2O^3	1,8	4,1	2,9	1,5	1,7	1,2	1,4
CaO	1,1	2,2	0,4	0,5	0,6	0,5	0,3
MgO	0,4	1,0	2,3	0,8	0,7	0,1	0,5
K^2O	4,4	2,3	2,1	3,4	0,7	0,5	0,5
Na^2O	4,1	5,1	4,6	4,1	5,4	5,9	6,5
Total	100,5	101,3	101,3	100,6	100,5	100,5	101,1

	H.	I.	J.	K.	L.	M.	N.
K^2O	5,4	0,6	0,4	0,3	0,4	0,7	11,3
Na^2O	3,0	5,8	6,5	6,8	6,5	11,1	3,8

A. *Premier type.* — Muscovite abondante dans la pâte ; microclines peu albitisés. Roche à feldspaths roses et pâte grise. Ravin de Mairus (gîte 3 de Gosselet).

B. *Premier type.* — Muscovite abondante dans la pâte. Riche en biotite. Roche massive à gros microclines de la tranchée de la route à Mairus (gîte 1). La partie analysée ne contenait pas de microcline.

C. *Deuxième type.* — Muscovite et albite pseudomorphosant les microclines. Roche noire de la grande carrière du ravin des Dames de Meuse (gîte 13).

D. *Troisième type.* — Pas de muscovite ; microclines peu albitisés. Roche grise à feldspaths roses du ravin des Dames de Meuse (gîte 13).

---

donnés par M. L. Chevron. Dans l'impossibilité de les rapporter à des types précis, j'ai renoncé à m'en servir. Toutes mes analyses ont été effectuées par la méthode au carbonate de soude ; le dosage des alcalis, par la méthode de Laurent Schmith.

E. *Quatrième type : a.* — Un peu de muscovite dans l'albite de substitution. Microclines complètement albitisés. Roche grise compacte du ravin des Dames de Meuse (gîte 13).

F. *Quatrième type : b.* — Pas de muscovite ; microclines presque complètement albitisés (il reste quelques petites facules de microcline dans l'albite de substitution). Roche grise de l'entrée du ravin de Mairus près tranchée du chemin de fer (gîte 3).

G. *Cinquième type.* — Roche gris clair compacte de la carrière rive gauche de la Meuse, face au ravin de la Commune, au bord de la route (gîte 5).

H. *Premier type.* — Roche gris clair à feldspaths roses, gris clair, schisteuse et sériciteuse. Ravin des Dames de Meuse (gîte 13).

I. *Quatrième type : a.* — Muscovite dans l'albite de substitution. Carrière du barrage de Laifour (rive gauche).

J. *Cinquième type.* — Albitisation complète des microclines. Roche gris bleu à feldspaths blancs du sommet de la carrière du ravin de Mairus (gîte 3).

K. *Cinquième type.* — Roche à feldspaths blancs du ravin des Dames de Meuse (gîte 13).

L. *Cinquième type.* — Roche compacte au contact des schistes (gîte 13).

M. Microcline albitisé de la roche bleue (J) du sommet de la carrière du ravin de Mairus (gîte 3).

N. Gros microclines à deux espèces de macle de la roche compacte du gîte 1 (le reste de la roche est analysé en B).

III. — **Remarques sur ces analyses.**

Le Tableau des analyses montre avec évidence l'existence de deux pôles : l'un très sodique où le pourcentage de soude peut atteindre 6,8 alors que le pourcentage de potasse n'est que 0,3 ; l'autre potassique où la potasse peut dépasser 4,4 pour 100 et la soude baisser au-dessous de 4 pour 100.

Entre ces deux pôles existe un type moyen qui contient 3,4 pour 100 de K^2O et 4,1 pour 100 de Na^2O.

Ce type moyen ne contient pas de muscovite ; il est voisin d'un type idéal dans lequel aucune albitisation ne se serait produite.

L'albitisation du microcline, quand elle est complète, est accompagnée de l'élimination de la potasse ; on est ainsi conduit à se demander sous quelle forme et en quel lieu cette potasse a pu se fixer.

Nous avons vu que dans certains cas le microcline se pseudomorphosait soit partiellement soit presque complètement en muscovite ; nous sommes amenés à en conclure que la potasse venant de la transformation des microclines se fixe à l'état de muscovite, et comme corollaire que la muscovite de la pâte des types à albitisation faible tire sa potasse des microclines des types à albitisation complète.

En d'autres termes, la potasse des microclines complètement albitisés quitte en grande partie la région où a eu lieu l'albitisation et va se fixer à l'état de muscovite dans la pâte des types où l'albitisation est nulle ou faible.

Dans les parties de la roche où il n'y a pas de muscovite et où l'albitisation est faible, on constate que la teneur en soude eût été suffisante pour produire l'albitisation complète des microclines.

D'autre part, les types où l'albitisation des microclines est

complète (G, J, K, L) contiennent parfois 1 pour 100 de plus
de soude que les types où l'albitisation n'est pas tout à fait
complète (E, F, I), et ces derniers même contiennent plus de
soude que le type moyen (D) où l'albitisation est faible.

De la soude a donc circulé dans le magma en voie de consolidation et s'est amassée vers les parties où s'est produite
l'albitisation, en proportion d'autant plus forte que celle-ci a
été plus complète.

Il est à remarquer que la roche à feldspaths roses du ravin
de Mairus qui contient de la muscovite dans sa pâte (A) ne
contient pas moins de soude que le type moyen (D), d'où
il suit que la potasse fixée comme muscovite ne prend pas la
place d'albite dans la roche.

Si donc de la soude ne semble pas chassée des régions où
arrive la potasse, on est conduit à se demander d'où vient le
surcroît de soude des parties où l'albitisation est intense.

Voici ce qu'il est permis d'imaginer :

Vers le moment de la disparition des causes d'albitisation
l'équilibre qui a tendu à se produire a pour effet l'égale diffusion de la soude dans le magma. Celle-ci s'est individua-
lisée sous forme de cristaux d'albite libre, et c'est pourquoi
l'on trouve toujours à peu près la même quantité de ceux-ci,
quelle que soit la partie de la roche considérée.

Si donc il a pu se produire à l'origine des déplacements de
soude vers les parties où a eu lieu l'albitisation la plus intense,
cette soude s'est trouvée ramenée ensuite vers les points
d'où elle avait été attirée ; mais la vitesse de diffusion a pu
être assez faible relativement à la vitesse de cristallisation de
l'albite pour que dans les régions de forte albitisation il se
trouve un peu plus de soude que la quantité correspondant à
la transformation des microclines et à l'égale répartition de
l'albite libre.

A part les gros cristaux de microcline du gîte de la route à

Mairus, tous les microclines de ces microgranites ont subi un commencement d'albitisation.

Il est difficile de savoir pourquoi l'albitisation ne s'est pas partout produite avec la même intensité, et l'on peut faire sur cette question plusieurs hypothèses.

Tout d'abord, si l'on suppose le magma primitivement homogène, on ne peut penser que l'arrêt dans l'albitisation de certains microclines vienne de l'insuffisance de soude à leur voisinage, puisque, quel que soit le point analysé, on trouve plus de molécules de soude que de molécules de potasse [exception faite toutefois pour H, mais dont la potasse vient de la présence de muscovite secondaire (séricite)].

Il n'est pas venu non plus d'un abaissement de température plus brusque en certaines régions du magma qu'en d'autres, car il aurait dû se faire sentir au voisinage des salbandes ; or, il n'y a aucune relation entre les conditions de gisement et l'intensité de la transformation.

Il faut supposer que l'albitisation n'a pas commencé partout en même temps et que certaines régions se sont trouvées dans les conditions pour lesquelles toute transformation devient impossible avant qu'il se soit produit autre chose qu'un faible commencement d'albitisation : c'est le cas du type moyen (D).

On peut aussi penser que dans certaines régions le microcline s'est trouvé revenir à son état primitif de stabilité, par suite de l'arrivée de la potasse chassée des régions à albitisation complète. Ce serait le cas des types à muscovite tels que A.

D'autre part, si l'on suppose le magma primitivement non homogène, c'est-à-dire si l'on imagine que la soude ait été concentrée dans certaines régions et ait manqué dans d'autres, on peut penser que, l'albitisation ne se produisant que là où il y a de la soude, elle a commencé beaucoup plus tôt en

certains points et, par suite, a pu être plus complète qu'en
d'autres où la soude n'a été amenée que par diffusion à un
moment où les conditions étaient telles que le microcline
était près de ne plus être apte à l'albitisation.

Il ne me semble pas qu'il y ait des raisons sérieuses qui
puissent faire préférer l'une à l'autre de ces deux hypothèses.

IV. — Autres remarques sur les analyses.

Toutes ces roches sont peu calciques ; la faible quantité de
chaux contenue par les types tels que C, D, E, F vient en
grande partie de l'apatite et un peu de la présence de carbonate de chaux qui apparaît parfois soit dans les vides de
l'albite de substitution, soit dans le microcline non albitisé.

La teneur plus forte en chaux des types A et B vient soit du
carbonate de chaux répandu dans la pâte sous forme de produit secondaire, soit de la présence d'épidote. Cette épidote
s'est développée aux dépens de la biotite qu'elle a rongée et
dont elle a souvent amené la disparition complète de certains
cristaux. Toute la chaux nécessaire dans ces deux cas vient
de la décalcification de la diabase qui surmonte en stratification la couche de microgranite; celui-ci faisant office de
filtre.

Il faut noter qu'au gisement des Dames de Meuse (gîte 13),
où l'on observe aussi un contact de diabase et de microgranite, mais où la diabase est située au-dessous du microgranite, il ne s'est rien produit de semblable.

La roche analysée en C correspond aux pseudomorphoses
de microcline en biotite et muscovite. Il est intéressant de
constater que la magnésie atteint 2,3 pour 100, ce qui est
très supérieur, toutes choses égales d'ailleurs, aux 0,8 pour 100
du type moyen : de sorte que, dans ce cas encore, il faut ad-

mettre que la transformation des microclines ne s'est pas faite aux dépens des seuls éléments avoisinants, mais qu'il s'est produit des apports importants de magnésie.

La baisse du pourcentage de la magnésie dans les types albitisés vient de l'altération de la biotite beaucoup plus forte dans ceux-ci que dans les types à microclines intacts.

Quant à la potasse, si les types à albitisation complète n'en sont pas exempts, c'est que l'albite libre contient un peu de séricite. La forte proportion de potasse de H, jointe à l'élimination d'une certaine quantité de soude, vient de ce que ce type est extrêmement sériciteux. Il faut compter que, dans ce cas, il y a 1 pour 100 environ de potasse fixée à l'état de séricite.

Ces roches sont très acides, mais leur teneur en quartz n'est pas absolument constante. En particulier, dans les variétés qui contiennent de la muscovite dans leur pâte, la muscovite joue, semble-t-il, le rôle du quartz, partiellement au moins. De ce fait le quartz se trouve éliminé alors que l'albite de la pâte reste dans les mêmes proportions.

———

Le phénomène de l'albitisation des microclines n'est pas particulier aux microgranites ardennais ; nous l'avons observé sur un grand nombre de roches dont quelques-unes étaient des porphyroïdes.

C'est sur elles que nous allons maintenant porter notre attention.

CHAPITRE III.

CAS DE LA PORPHYROIDE (MICROGRANITE) DE GENIS (CORRÈZE).

I. — Divisions.

La porphyroïde de Genis, considérée en tant que microgranite, est composée de phénocristaux de quartz et de feldspath baignant dans une pâte grenue ou sphérolitique constituée elle-même par des feldspaths, des quartz et de rares biotites.

Dans tous les échantillons de la séricite s'est développée aux dépens de la pâte ou des phénocristaux de feldspath, de sorte que la roche a pris la structure d'une porphyroïde. Ce point de vue a déjà été examiné.

Au point de vue minéralogique on peut distinguer deux types :

Premier type. — Il contient des phénocristaux de microcline faiblement albitisés et des phénocristaux d'albite libre.

Deuxième type. — Il contient des phénocristaux de microcline fortement ou complètement albitisés, mais pas de phénocristaux d'albite libre.

On rencontre le premier de ces types plus spécialement en bordure du massif, tandis que le second se trouve au centre.

II. — Nature des phénocristaux.

Le microcline est identique aux microclines des microgranites ardennais aptes à subir l'albitisation : on ne voit pas de quadrillage dans la face p, mais un enchevêtrement de lamelles produit par l'existence d'un seul système de macles. Les angles d'extinction sont ceux des microclines.

L'albite de substitution possède tous les caractères déjà cités: elle s'oriente sur le microcline de la façon habituelle en prenant la place d'un certain nombre de cristaux élémentaires.

L'albitisation est le seul mode de pseudomorphose des microclines; de plus, il n'y a jamais production de croûte d'albite, ni association de microcline et d'albite libre.

Les phénocristaux de microcline, albitisés ou non, sont répartis uniformément dans toute la masse de la roche. L'albite libre, quand elle existe, est loin d'être aussi abondante que dans les microgranites ardennais.

Le premier type ne contient pas de microclines complètement albitisés et l'albitisation partielle y est même extrêmement faible.

On trouve dans le second type des microclines complètement albitisés à côté d'autres cristaux qui le sont faiblement.

III. — Nature de la pâte.

La masse de la pâte est un mélange très fin de quartz et de feldspath.

Dans le premier type on trouve des lithophyses bordées de petits cristaux d'albite libre; dans le second type on trouve des zones sphérolitiques qui semblent nager dans la pâte finement grenue et qui, par endroits, laissent des vides assimilables à des lithophyses. Ces sphérolites sont moins réfringents que le quartz; ils présentent la croix noire, sont allongés négativement avec n_g pour bissectrice aiguë, de sorte qu'il y a tout lieu de les rapprocher de l'albite.

On trouve une structure intermédiaire entre les portions grenues et les portions sphérolitiques : la pâte s'oriente en traînées qui s'élargissent en éventail et se terminent en secteurs de sphérolites. Par endroits le sphérolite se résout en micropegmatite.

On peut en conclure que la pâte de la roche est composée d'albite et de quartz.

On trouve encore quelques biotites, généralement fort altérées, des cristaux d'apatite et de zircon.

IV. — Ancienneté du phénomène d'albitisation.

Dans ce microgranite comme dans les microgranites de la vallée de la Meuse, l'albitisation des microclines n'est pas un phénomène secondaire, c'est-à-dire qu'elle ne s'est pas produite pendant la période de métasomatose de la roche.

L'observation montre, en effet, que, la production de la séricite étant postérieure aux actions mécaniques subies par la roche après sa mise en place, l'albite de substitution leur est antérieure. Elle est déformée au même titre que quartz, albite libre et microclines intacts, tandis que la séricite ne l'est pas. Cette déformation se manifeste par la courbure des lamelles hémitropes et l'augmentation de leur nombre : il arrive, en effet, qu'entre deux cassures de l'albite de substitution a échappé à la pression qui se faisait sentir sur les parties avoisinantes ; ce qui permet de voir que dans les parties comprimées les macles sont beaucoup plus nombreuses que dans les parties intactes. Il y a donc eu production de macles par actions mécaniques.

V. — Étude chimique.

Mon attention a surtout porté sur le dosage des alcalis :

		K^2O.	Na^2O.
Premier type.	Type de bordure à albite libre et à faible albitisation des microclines..	5,4	2,5
Deuxième type.	Type du centre sans albite libre à microclines plus fortement albitisés..	5,8	2,5
Troisième type.	Type du centre à microclines complètement albitisés...............	5,5	3,4

— 94 —

Dans ces trois types la séricite qui vient de l'altération des feldspaths existe en quantité à peu près équivalente.

On voit, de suite, qu'il ne s'est produit aucun transport de potasse dans le magma, que la soude est un peu plus abondante quand l'albitisation est complète, mais qu'elle existe dans les mêmes proportions dans des types à très faible albitisation et dans des types à forte albitisation.

On peut en conclure que la soude qui entre dans la constitution de l'albite libre est celle qui aurait servi à constituer l'albite de substitution si l'albitisation des microclines s'était produite.

S'il n'y a pas de transport de potasse, on doit retrouver celle-ci fixée sur le lieu même où l'albitisation s'est produite. Il faut remarquer d'abord qu'on ne trouve jamais de portions de la roche où les microclines soient en totalité complètement albitisés. S'il y a des cristaux complètement albitisés, il en est d'autres à côté qui le sont peu, de sorte que la quantité de potasse mise en liberté du fait de l'albitisation n'est pas considérable.

On peut admettre que celle-ci s'est fixée à l'état de muscovite et que, par suite de l'altération de la roche, elle se trouve confondue avec la séricite. Il est possible que dans certains cas la potasse libérée par l'albitisation ait recristallisé sous forme de microcline, car on trouve parfois, autour des plages d'albite de substitution, des cristaux de microcline qui ne sont pas albitisés et présentent alors le quadrillage des cristaux normaux.

Ces roches sont, en outre, très acides et très peu calciques, comme on peut s'en rendre compte par l'analyse suivante, effectuée sur un échantillon du premier type :

Perte au feu.	SiO^2.	Al^2O^3.	Fe^2O^3.	CaO.	MgO.	K^2O.	Na^2O.	Total.
1,0	75,6	13,2	1,3	0,6	0,6	5,4	2,5	100,1

VI. — Conclusions.

Ce massif de microgranite a fait intrusion au milieu de schistes sériciteux sans influer sur eux d'une façon qui soit actuellement appréciable.

Les variétés à albitise libre où l'albitisation des microclines est faible étant situées généralement en bordure du massif, on est conduit à penser que l'arrêt de l'albitisation des microclines tient en grande partie à l'abaissement de température qui a dû se faire sentir brusquement au voisinage des salbandes. Dans ces régions, le microcline a atteint rapidement, au moment de la mise en place du magma, une température où toute albitisation devenait impossible, tandis qu'au centre du massif le refroidissement était assez lent pour que la transformation puisse s'effectuer.

Quoi qu'il en soit, il faut surtout retenir que dans le magma de ce microgranite le microcline s'est individualisé avant tout autre élément dans une pâte composée essentiellement de quartz et d'albite, que ce microcline ne présente qu'une seule espèce de macles et que, dans certaines conditions, il a la possibilité de se transformer en albite.

CHAPITRE IV.
AUTRES EXEMPLES D'ALBITISATION DES MICROCLINES.

I. — Porphyroïdes (microgranites) de La Châtaigneraie, Puybelliard (Vendée).

Parmi les roches que nous avons spécialement étudiées comme porphyroïdes, les microgranites vendéens présentent les mêmes phénomènes d'albitisation des microclines que ceux qui ont été décrits précédemment.

Comme dans le microgranite de Genis, il semble bien que le seul élément feldspathique de la pâte soit de l'albite. On trouve, en effet, les mêmes formations d'apparence drusique en lithophyses, bordées de cristaux d'albite libre, et, quand elles manquent, des zones sphérolitiques dont les sphérolites, à croix noire, sont allongés négativement et ont n_g pour bissectrice aiguë, n_p étant rayon de la sphère, ce qui les rapproche de l'albite.

L'élément albitisé est encore du microcline, du même type que celui des microgranites de Genis ([1]).

Fréquemment, en même temps que l'albite de substitution se sont développées des plages de quartz dans le microcline albitisé.

Dans le même échantillon on peut trouver des microclines complètement albitisés à côté de microclines qui le sont peu ou point. L'albite libre se développe surtout quand le microcline est peu albitisé.

Les actions mécaniques subies par la roche se manifestent en particulier sur l'albite de substitution dont les lamelles ont été plissées.

A Saint-Vincent-Sterlange et à Puybelliard (*Pl. V, fig.* 1)

([1]) Grâce à l'habileté de M. Terrier, j'ai pu observer des lames de ces petits cristaux de microcline taillées parallèlement au clivage, p. Les extinctions assez difficiles à observer, à cause de la petitesse des individus, atteignent 12° et ne sont jamais inférieures à 8°. Ce ne sont pas les angles de 16° qu'exigerait rigoureusement le microcline : la différence d'angle tient à l'albite de substitution avec laquelle le microcline est groupé. Cette albite s'éteint dans la face p de ce microcline à 5° à droite et à gauche de la ligne de macle. L'orientation des deux espèces l'une sur l'autre est donc identique à celle qu'on observe dans les microgranites ardennais. Des plaques taillées parallèlement à g' m'ont donné des angles d'extinction par rapport à la trace de p variant entre 6° et 7°.

l'albitisation est très forte; il n'y a pas d'albite libre. La structure sphérolitique est des plus accusées.

A La Châtaigneraie, l'albitisation est assez avancée ; on trouve un peu d'albite libre.

Au Busseau, l'albitisation des microclines est faible. Il y a de l'albite libre, soit en grands cristaux, soit en petits cristaux tapissant des druses.

Les microgranites vendéens manifestent donc, eux aussi, l'antagonisme qui existe entre l'albitisation des microclines et la production de l'albite libre : comme dans le cas du microgranite de Genis, on peut en conclure que l'albite libre formée est précisément celle qui devait se substituer au microcline si l'albitisation avait dû se produire.

II. — Porphyre de Sillé-le-Guillaume.

Beaucoup de roches à feldspaths potassiques présentent des phénomènes d'albitisation identiques à ceux qui viennent d'être décrits.

C'est en particulier le cas du porphyre de Sillé-le-Guillaume. Cette roche a de grandes analogies avec les microgranites ardennais et c'est elle-même un microgranite.

J'en ai eu entre les mains deux variétés : l'une à gros feldspaths rougeâtres, l'autre à gros feldspaths blancs. Les feldspaths blancs sont des feldspaths potassiques fortement albitisés sans cependant l'être complètement; les feldspaths rouges le sont peu.

Ces deux sortes de feldspaths sont des microclines comme on peut s'en convaincre par l'observation de lames parallèles au clivage p. Ils sont constitués d'un très grand nombre de petits cristaux maclés s'éteignant dans les environs de 12° par rapport à la ligne de macle, ce qui empêche toute confusion avec l'anorthose.

L.

Ces microclines ressemblent aux microclines des microgranites ardennais susceptibles d'être albitisés ; mais la petitesse des individus élémentaires qui les composent, rendant l'observation difficile, empêche d'affirmer absolument s'ils ont une ou deux espèces de macle.

De même que les microgranites ardennais, le porphyre de Sillé-le-Guillaume contient des phénocristaux d'albite et de quartz ; les phénocristaux de microcline sont corrodés et semblent bien, dans ce cas encore, être l'élément le plus anciennement cristallisé.

La roche contient encore de la biotite au sein d'une pâte dont le feldspath paraît être uniquement de l'albite.

III. — Roches de Jersey.

J'ai eu l'occasion d'observer un certain nombre de plaques de roches provenant de Jersey ; là aussi j'ai reconnu l'existence d'albite de substitution.

Ces roches sont des porphyres pétrosiliceux de la région Est de l'île, dans les environs d'Anne-Port et de Montorgueil.

Le feldspath albitisé ressemble aux microclines que nous avons déjà décrits ; cependant, n'en ayant pas eu de plaques rigoureusement orientées, je ne puis les déterminer avec précision.

La roche qui nous a présenté les phénomènes d'albitisation les plus intenses est un porphyre à quartz globulaire qui ne contient ni phénocristaux d'albite libre ni quartz, mais simplement des phénocristaux de feldspath potassique dont l'albitisation est parfois complète.

C'est le premier exemple que nous voyons de roches sans phénocristaux de quartz où les feldspaths potassiques aient été albitisés.

Ce n'est pas le seul : il est bien probable que certains albitophyres, tels que les albitophyres de la Mayenne, doivent leurs phénocristaux d'albite à l'albitisation de feldspaths potassiques; car on y trouve la même forme de macles de l'albite que dans l'albite de substitution typique.

IV. — Kératophyres allemands.

Les microgranites français que nous venons d'étudier se rapprochent pour la plupart, tant par leurs caractères minéralogiques que par leurs caractères chimiques, des kératophyres des auteurs allemands; aussi nous a-t-il paru intéressant de rechercher si le phénomène d'albitisation existait dans quelques-unes de ces roches.

Le porphyre quartzifère de Bruchhaüsen, en Westphalie, étudié par Mügge, se divise, d'après ce savant, en deux variétés : l'une massive, l'autre schisteuse.

La variété que j'ai eue entre les mains se rapporte, je pense, au type massif. Je n'y ai pas vu d'albite libre, mais seulement des feldspaths potassiques à macles d'albite dont la structure est semblable à celle des microclines que nous avons déjà décrites. Ces feldspaths sont un peu albitisés. La pâte est sphérolitique.

Mügge [1] donne de ce porphyre deux analyses. La variété massive contient 6,33 pour 100 de K^2O contre 1,04 pour 100 de Na^2O; la variété schisteuse contient, au contraire, 1,10 pour 100 de K^2O contre 4,92 pour 100 de Na^2O.

Dans la seconde variété, Mügge décrit des pseudomorphes d'orthose en chlorite, calcite et albite. D'après Mügge, la pseudomorphe en albite a un aspect *rapiécé* (geflickt) et me paraît être identique à mon albite de substitution. Pour

---

[1] Mügge, *Der Quartzporphyre der Bruchhaüser Steine in Westphalen* (*N. J., B. B.*, t. X, 1896).

Mügge cependant cette albite serait produite par voie d'altération.

N'ayant pas eu à ma disposition cette variété schisteuse, je ne puis exprimer un avis précis, mais il me semble qu'il y a tout lieu de rapprocher les pseudomorphes observées par Mügge de la formation d'albite de substitution, étant donné surtout que dans la variété massive nous constatons déjà un commencement d'albitisation ([1]).

Parmi les fameux *Lennenporphyres,* le quartz kératophyre de Brachthaüsen présente des phénomènes d'albitisation complète des feldspaths potassiques. Il contient aussi des phénocristaux d'albite libre et de quartz.

A Treseburg, au Hartz, il existe aussi un microgranite signalé comme porphyroïde par les auteurs allemands et dans lequel on constate des phénomènes d'albitisation intense; la roche contient aussi de l'albite libre et des phénocristaux de quartz.

Gümbel a décrit en 1879 des kératophyres provenant de la tranchée du chemin de fer à Alsenberg, dont l'un très acide ($75,98$ pour 100 de SiO^2) contient $4,22$ pour 100 de Na^2O et $3,64$ de K^2O, et l'autre moins acide ($67,90$ pour 100 de SiO^2), $6,89$ pour 100 de Na^2O et $1,85$ pour 100 de K^2O. Les phénocristaux de feldspath, dit-il, sont de l'orthose : quand l'analyse indique une forte teneur en soude, il la place dans les feldspaths de la pâte ou bien dans ce fait que souvent les phénocristaux d'orthose sont emportés et qu'à leur place se trouve une autre substance feldspathique, probablement de l'albite. Il semble bien que Gümbel a entrevu le phénomène d'albiti-

---

([1]) Rosenbusch attribue l'association d'orthose et d'albite à une microperthite et voit leur répartition liée aux lignes de broyage de la roche. Il conclut à une relation de cause à effet. D'autre part, il cite des observations inédites de Renard comparant les feldspaths de Bruchhaüsen à ceux de la vallée de la Meuse que nous avons reconnus comme albitisés.

sation ; je n'ai pu malheureusement me procurer les échantillons correspondant aux analyses citées.

V. — Cas des contacts granitiques.

Jusqu'ici nous n'avons étudié le phénomène d'albitisation des feldspaths potassiques que dans des microgranites. Nous ne l'avons jamais constaté dans du granite franc, mais il se manifeste fréquemment dans les roches de contacts granitiques.

En particulier, sur la bordure sud-ouest du massif central, au contact du petit massif granitique de Thiviers dans les environs de Corgnac, on peut trouver des schistes micacés feldspathiques où l'albitisation revêt une ampleur remarquable (*Pl. V, fig.* 2).

Le granite de Thiviers est un granite gris à biotite et à microcline. A son contact, les schistes sont modifiés et contiennent des cristaux d'albite et de biotite. Ces cristaux d'albite n'ont pas de contours automorphes; ils ont les bords festonnés caractéristiques des formations métamorphiques; ils sont composés de longues lamelles hémitropes qui sont continues d'un bout à l'autre du feldspath.

A côté de ces cristaux d'albite, dans des parties de schistes plus cristallines, on trouve une autre forme d'albite qui a tous les caractères de l'albite de substitution déjà décrite : macles courtes et répétées, association fréquente avec plages de quartz; les contours sont d'ailleurs festonnés comme les premiers cristaux d'albite.

Certaines sections, incomplètement transformées, montrent que cette albite vient de l'albitisation de feldspaths potassiques. On retrouve aussi parfois des bordures dues à la corrosion du cristal, analogues à celles qui existent dans les microclines des microgranites ardennais.

Si l'on peut trouver çà et là de la muscovite dont la potasse peut provenir des microclines albitisés, on n'en trouve jamais une lamelle dans ceux-ci.

Ce fait de l'albitisation des microclines dans les roches de contact me paraît d'une très grande importance, car elle met hors de doute la circulation des fluides alcalins produisant la métamorphose de la roche.

De plus, en concordance avec les idées émises par M. Leclerc dans son étude chimique du granite de Flamanville, elle tend à prouver l'antériorité de la production des feldspaths potassiques sur les feldspaths sodiques dans les contacts granitiques.

CHAPITRE V.

ACTIONS DES MICROGRANITES (PORPHYROIDES) ARDENNAIS SUR LEURS SALBANDES.

I. — Nature des Salbandes.

On trouve au contact des microgranites ardennais soit des schistes, soit des roches vertes d'origine éruptive.

On trouve aussi ces dernières isolément. La Vallée-Poussin et Renard les ont longuement décrites : j'en reprends une description rapide d'après mes observations personnelles.

Sur la rive droite de la Meuse, entre la petite et la grande Commune, on exploite une de ces roches vertes pour pavés. Les carriers du pays la désignent sous le nom de *diorite*.

C'est une roche massive, grenue, très compacte, composée essentiellement de feldspaths, d'amphibole et de ces produits d'altération des fers titanés connus sous le nom de *leucoxène*.

Les feldspaths sont actuellement remplacés par un mélange d'albite, de chlorite et d'épidote, de sorte que nous ne pouvons rien dire de leur nature primitive. Ils sont en cristaux allongés et leur disposition rappelle la structure intersertale des diabases.

Bien qu'il n'y ait aucun moyen de prouver directement que l'amphibole ne soit pas de formation primordiale, nous avons tout lieu de penser qu'elle résulte de l'ouralitisation d'un pyroxène actuellement complètement disparu : car, d'une part, il n'existe pas de roche fraîche à amphibole possédant la structure intersertale, et, d'autre part, des accumulations de calcite dans des fissures de la roche en question prouvent qu'une forte décalcification s'est produite, laquelle ne peut provenir en totalité des feldspaths, étant donné qu'une grande partie de la chaux qu'ils contenaient primitivement reste fixée sur leur cadavre à l'état d'épidote.

Pour toutes ces raisons, je considérerai cette roche verte comme une diabase (au sens attribué à ce nom par M. Lacroix).

Cette diabase est une roche intrusive, comme il résulte de sa cristallinité complète et de sa position interstratifiée.

Elle modifie ses salbandes schisteuses en les durcissant. Près du contact on trouve une roche schisteuse verte, chargée de calcite et d'épidote, et contenant des cristaux de feldspaths identiques à ceux de la diabase, mais pas d'amphibole. Plus loin la roche ne contient plus de feldspaths, mais est très riche en rutile réparti dans une matière chloriteuse.

II. — Action sur les diabases.

Cas du gisement des Dames de Meuse. — On trouve aux Dames de Meuse (gîte 13) une diabase située immédiatement au-dessous du microgranite.

Dans sa masse elle est identique à la diabase qui vient d'être décrite.

Si l'on se rapproche du microgranite, on trouve en certains endroits une roche verte schisteuse en contact immédiat avec le microgranite, qui possède une structure identique à celle de la diabase et contient non seulement les mêmes feldspaths et les mêmes leucoxènes que celle-ci, mais en outre de la biotite.

Les produits chloriteux dont l'orientation donne à la roche son aspect schisteux proviennent vraisemblablement de l'altération de l'amphibole, dont il n'y a plus trace.

Cette roche est donc le résultat de la modification de la diabase par le microgranite.

En un point particulier, le contact se fait par l'intermédiaire de 1ᶜᵐ à 2ᶜᵐ d'une roche massive composée de grands microlites d'albite, de très peu de quartz et de produits titanifères, ces derniers venant de l'altération de biotites dont çà et là on retrouve quelques individus. Cette roche confine à la diabase, par l'intermédiaire d'une autre roche très altérée où l'on ne distingue que des squelettes de feldspaths avec de la chlorite et des oxydes de fer; cette dernière roche est verte, c'est la diabase modifiée puis altérée.

La roche à grands microlites d'albite, dont la structure est identique à la structure doléritique des auteurs allemands, est peu altérée. Ses feldspaths sont parfaitement intacts; il n'y a place nulle part pour ce qui aurait été de l'amphibole ou des fers titanés. Ce n'est ni la diabase ni le porphyre, mais une roche spéciale, dont la présence ici paraît purement accidentelle et sur laquelle je reviendrai.

A son contact avec l'une ou l'autre de ces roches le microgranite possède la même structure et la même composition que dans sa masse; d'où l'on peut conclure que la diabase n'a exercé sur le microgranite aucune action de contact, mais qu'elle a été précisément modifiée par celui-ci.

Les schistes superposés au microgranite ont une structure et une composition minéralogique identique à la roche de contact de la diabase de la Commune étudiée plus haut, à cela près qu'ils contiennent çà et là d'assez gros cristaux de quartz et d'albite motivés par le voisinage du microgranite même. De sorte que nous somme conduits à admettre que le microgranite postérieur à la diabase a fait intrusion entre la diabase et sa roche de contact superposant son métamorphisme à celui déjà provoqué par la diabase et modifiant cette dernière à son contact.

Cas du gisement des forges de Mairus (gîte 1 de Gosselet). — Immédiatement au contact du microgranite on trouve une roche schisteuse de tonalité verdâtre qui contient des phénocristaux de quartz et d'albite.

Au microscope, on voit, en plus du leucoxène, des feldspaths de forme identique à ceux de la diabase de la Commune, moins altérés, mais contenant cependant quelques grains d'épidote. En dehors des feldspaths on voit aussi des produits chloriteux dont quelques lamelles ont l'aspect de biotites transformées.

Cette roche qu'on trouve maintenant en place au contact même du microgranite est fort altérée, mais on peut trouver son équivalent plus frais dans les blocs qui ont servi à la construction du mur de soutènement de la voie du chemin de fer.

Ceux-ci sont essentiellement composés de leucoxène, de feldspath et de biotite. On ne voit pas trace d'amphibole ; peut-être en existait-il quelques cristaux aujourd'hui disparus par suite de leurs transformations en chlorite, mais assurément très peu, car la répartition abondante de la biotite laissait peu de place à leur développement. On voit à l'œil nu des phénocristaux de quartz et d'albite.

La présence de leucoxène, qui n'existe jamais dans le microgranite, mais se trouve toujours dans la diabase, nous induit à considérer cette roche comme une diabase extrêmement modifiée par le microgranite. D'ailleurs, on peut recueillir d'autres blocs d'une roche verte massive contenant encore des phénocristaux de quartz et d'albite dans la pâte typique de la diabase au sein de laquelle nagent à côté de l'amphibole des lamelles de biotite.

Les phénocristaux d'albite produits dans la diabase sont riches en lamelles de séricite. Dans les parties qui manifestent avec évidence tous les caractères d'une diabase, on constate que les noyaux de quartz sont entourés d'une bordure de petits cristaux d'amphibole implantés normalement à sa surface. Dans les parties schisteuses plus voisines du contact, cette couronne est chloritisée ; ce qui permet de conclure que l'amphibole, ou le minéral dont elle est un produit d'ouralitisation, a cristallisé postérieurement au quartz.

En d'autres termes, l'action métamorphisante du microgranite sur la diabase s'est produite avant la consolidation complète de celle-ci.

III. — Actions sur les schistes.

Elles sont peu visibles, comme nous l'avons déjà fait remarquer, et consistent avant tout en un durcissement du schiste.

Dans la tranchée du chemin de fer du gîte 3 de Mairus, le schiste est tacheté de petits points qui pourraient être d'anciens feldspaths très altérés.

Ailleurs, par exemple au barrage de Laifour, il y a des traces de produits chloriteux qui peuvent venir de l'altération d'anciennes biotites.

Aux Dames de Meuse l'action sur les schistes déjà modifiés

par la diabase est plus intense. Il y a production de phéno-cristaux de quartz et d'albite.

IV. — Différence entre les productions métamorphiques du gite des Dames de Meuse et du gite des forges de Mairus.

La diabase du gisement des forges de Mairus est assurément beaucoup plus modifiée que celle des Dames de Meuse.

La première contient des cristaux d'albite et de quartz, la seconde n'en contient pas.

Toutes deux contiennent de la biotite, mais aux Dames de Meuse elle est répartie sur une plus faible épaisseur de diabase qu'aux forges de Mairus.

Aux Dames de Meuse le microgranite a produit dans les schistes qui lui sont superposés des cristaux d'albite et de quartz.

Il est remarquable que les actions métamorphiques sont d'autant plus intenses qu'elles s'opèrent sur des couches situées au-dessus du microgranite, comme si les produits émanés du microgranite en voie de consolidation étaient sollicités par une force ascensionnelle.

V. — Caractères chimiques des actions de contact des microgranites ardennais.

Ils ne peuvent être étudiés avec précision que sur les diabases.

La diabase type de la carrière entre la petite et la grande Commune (rive droite) a la composition chimique suivante :

Perte au feu.	SiO_2.	Al_2O_3.	Fe_2O_3.	FeO.	CaO.	MgO.	K_2O.	Na_2O.	Total.
1,9	48,0	17,8	3,6	8,6	10,5	5,8	0,6	3,4	100,2

Mon attention n'a porté que sur le dosage des alcalis des

roches modifiées, et j'ai choisi des portions de roche qui ne contenaient ni phénocristaux de quartz ni phénocristaux d'albite, par conséquent rien que de la biotite en plus des éléments normaux de la diabase :

	K^2O.	Na^2O.
Type pauvre en biotite	0,95	3,1
Type riche en biotite	1,5	3,4

On voit que la teneur en potasse augmente avec la teneur en biotite, mais que la soude reste à peu près ce qu'elle était dans la diabase intacte.

Cela est intéressant, car la soude n'existe que dans le feldspath de la diabase, et, cette soude n'ayant pas été éliminée par métasomatose, elle se trouve dans les mêmes proportions que si la roche était fraîche. D'où l'on peut conclure que le microgranite n'a pas modifié la composition chimique des feldspaths de la pâte de la diabase.

Son action sur celle-ci s'est donc réduite à la production de phénocristaux d'albite, de quartz et de lamelles de biotite dans un magma non encore consolidé et qui, lors de sa consolidation, cristallisera comme une diabase ordinaire réagissant seulement sur les éléments trop acides comme le quartz, qui dès lors ne se trouve plus dans sa masse qu'à titre d'enclave.

Si les roches avaient été fraîches, il eût pu être intéressant de doser la chaux et la magnésie. La biotite tenant en effet partiellement la place du métasilicate, elle libère une certaine quantité de chaux, si elle prend sa magnésie dans le magma même de la diabase, et cette chaux devra se retrouver ailleurs.

Il peut aussi se faire que la magnésie soit issue comme la potasse du magma même du microgranite, auquel cas le métasilicate aurait pu se former intégralement, en quantité moindre cependant, vu la place occupée par la biotite.

Malheureusement ces roches sont trop décalcifiées pour
permettre cette étude.

VI. — Comparaison des diabases à phénocristaux de quartz et d'albite de la vallée de la Meuse avec d'autres roches massives.

Il est banal de rencontrer des filons de microgranite au
voisinage de filons de roches vertes ; mais la plupart du
temps ces filons ne sont pas directement en contact, et il est
par conséquent impossible de déterminer leurs actions réci-
proques.

Très peu de recherches ont d'ailleurs été faites à ce sujet,
mais on a décrit un certain nombre de roches, en général de
la famille des kersantites, qui semblent se rapprocher des
diabases à quartz et albite de la vallée de la Meuse.

F. Schach a étudié en 1884 (¹) des filons de microgranite et
de kersantite juxtaposés, autrefois décrits par Reyer. Reyer
considérait la kersantite comme un tuf du microgranite ;
Schach combat cette hypothèse. Il y a du quartz et du mica
dans la kersantite; aussi est-il permis de se demander si
nous n'avons pas affaire ici à un cas analogue à ceux des
gîtes de la vallée de la Meuse.

Il est possible que de tels cas soient exceptionnels, car
l'action d'un des deux magmas sur l'autre ne se produira que
s'ils ne sont encore ni l'un ni l'autre consolidés.

Les Allemands ont décrit sous le nom de *Gemischte Gänge*
des filons de natures différentes au contact les uns des autres :

(¹) F. Schach, *Ueber eine Kersantitgang im Contakte mit porphyri-
schen Mikrogranit und Phyllit am Ziegenschachte bei Johanngeor-
genstadt* (*N. J.*, t. II. 1884. p. 34).

porphyre syénitique et mélaphyre filonnien, granitporphyre
et syénitporphyre. Geikie a, lui aussi, décrit des granophyres
à salbandes basaltiques ; mais dans les deux cas il est
possible que ces injections successives, dues à des réouver-
tures de filons, se soient accomplies à des époques très différentes.

C'est à ces *Gemischte Gänge* que Max Kaech ([1]) rapporte
des filons de porphyre et de roches à amphibole juxtaposés
du val Vina, près du lac Majeur. Il cite le cas de deux filons.
Les salbandes du premier sont différentes : la salbande Nord
contient de petites tablettes de feldspaths, et çà et là des
morceaux de quartz dans une pâte gris verdâtre. On trouve
dans la pâte de la hornblende fréquemment chloritisée et
des leucoxènes. Cette roche contient 47,89 pour 100 de SiO^2.
La salbande Sud est très fortement altérée ; elle contient de
gros dihexaèdres de quartz et très peu de phénocristaux de
feldspaths. Dans la pâte on trouve de la hornblende presque
toujours chloritisée.

Les choses sont moins nettes dans le cas de l'autre filon.
On ne peut que supposer l'existence de la hornblende, dont il
n'existe plus que des produits de chloritisation.

Il nous semble qu'il y a lieu de rapprocher ces cas de ceux
que nous avons étudiés dans la vallée de la Meuse.

Enfin, d'après Harker ([2]), on trouve à l'état d'enclave dans
les intrusions d'Edenside des cristaux de quartz à bordure de
pyroxène et des cristaux d'orthose et d'oligoclase, et l'on
observe tous les types de roches depuis des lamprophyres
jusqu'à des porphyres quartzeux micacés (peu acides) avec
toutes les transitions de l'un à l'autre type. Des roches très

---

([1]) *Geologisch-petrographische Untersuchung des Porphyrgebirtes
zwischen Lago Maggiore und Valsesia*, 1903.
([2]) *G. M.*, 1892.

différentes se présentent même à l'état de mélange imparfait dans un seul et même dyke.

Je ne puis étudier ici des cas trop éloignés de ceux de la vallée de la Meuse ; néanmoins, je veux faire remarquer la grande analogie qui paraît exister entre les actions qui se sont fait sentir sur les diabases ardennaises et celles qui ont produit dans beaucoup de roches basiques à faciès lamprophyriques des minéraux caractéristiques de roches très acides, tels que quartz, mica et feldspaths alcalins.

CHAPITRE VI.

ÉTUDE DES ENCLAVES DES MICROGRANITES ARDENNAIS.

J'ai déjà parlé de ces enclaves dans la première Partie de mon travail, ayant tenu à écarter de suite un argument dont les partisans de l'origine métamorphique des porphyroïdes ardennaises avaient tiré grand parti. Dans ce Chapitre, je veux discuter leur origine aussi à fond que possible.

On les trouve à peu près dans toutes les variétés et dans tous les gisements des microgranites de la vallée de la Meuse.

Elles sont essentiellement composées de biotite, plus ou moins altérée comme la biotite du microgranite enclavant, et d'albite en cristaux maclés aplatis suivant g' et dont la section offre la forme de baguettes allongées.

Toutes ces enclaves contiennent en plus des phénocristaux de quartz et d'albite identiques à ceux du microgranite, mais en faible quantité. Aucune ne contient de microcline; mais, comme nous le verrons tout à l'heure, quelques-unes en ont contenu.

Ces enclaves tranchent nettement sur la roche enclavante. Beaucoup ont des contours anguleux, beaucoup aussi ont la forme d'oves ou de nodules.

I. — Division.

Je considèrerai spécialement trois types :

Le *premier* se trouve dans les variétés de microgranite où l'albitisation des microclines est faible.

C'est un type très riche en biotite. La biotite est associée à des cristaux d'albite soit peu allongés, et alors la structure de la roche est voisine de celle d'une aplite, soit au contraire très allongés, ce qui rend la structure doléritique. En général, le quartz et les phénocristaux de feldspath y sont rares.

Le *second type* (*Pl. IV*, *fig.* 2) se trouve dans les variétés de microgranite où les microclines sont complètement albitisés. Il est moins riche en biotite que le précédent. Celle-ci est d'ailleurs, comme dans le microgranite voisin, fortement chloritisée. Elle contient beaucoup de petits cristaux de rutile. Les cristaux d'albite ont des sections de baguettes allongées de dimensions souvent variables dans la même plaque.

On trouve toujours dans ce type d'enclave quelques phénocristaux d'albite et de quartz identiques à ceux du microgranite enclavant ; et parfois aussi d'anciens cristaux de microcline ayant subi la même transformation que ceux du microgranite voisin, c'est-à-dire transformés soit en albite, soit partiellement en albite et en biotite. Les cristaux de quartz et de microcline ont d'ailleurs été corrodés de la même façon que dans toutes les autres parties du magma.

Ce type est identique à la roche doléritique que j'ai observée au contact de la diabase et du microgranite des Dames de Meuse.

Le *troisième type* se rencontre abondamment au ravin de

Mairus, à la partie supérieure de la carrière. Il contient plus de biotite que le microgranite enclavant, moins cependant que les deux types précédents ; la pâte est en outre composée de quartz, d'albite et de muscovite comme celle du microgranite.

Dans ces enclaves, il y a des points plus riches en biotite que les parties avoisinantes. L'albite qu'on trouve dans ces nids de biotite y affecte la forme de cristaux allongés comme l'albite du type précédent. On trouve aussi des phénocristaux de quartz et d'albite et des pseudomorphoses de microcline en muscovite.

Ces dernières sont intéressantes par la forme qu'elles affectent : le centre de la pseudomorphose est constitué par de larges lamelles de muscovite groupées micropegmatiquement avec un peu de quartz. Tout autour de ce noyau de muscovite on trouve une zone de biotite et extérieurement enfin une croûte d'albite.

Les actions subies par les phénocristaux de microclines sont donc comparables à celles qui se sont fait sentir sur le même minéral dans une partie quelconque du magma. Le quartz est corrodé.

Ce type d'enclave participe des deux types précédents et de la pâte normale du microgranite.

Ces types ne sont pas uniquement localisés dans les variétés de microgranite où nous les avons décrits. Il y a tous les passages de l'un à l'autre, et l'on peut trouver, comme c'est le cas au gîte 3, des enclaves du troisième type dans une variété de microgranite à microcline fortement albitisé.

En dehors de ces enclaves relativement volumineuses, il arrive souvent, et c'est un fait autrefois constaté par Renard. qu'on trouve çà et là de très petits nids de biotite. Dans ce cas, quand ces nids de biotite ne résultent pas de la pseudomorphose d'un microcline, l'albite qu'on y trouve revêt la forme de baguettes allongées.

II. — Origine des enclaves.

Toutes ces enclaves tranchent nettement sur la roche qui les contient, de sorte que l'idée de blocs étrangers modifiés par le magma vient tout naturellement à l'esprit.

A priori, on peut penser que ces blocs proviennent soit d'une roche éruptive, soit d'un schiste.

J'ai déjà montré que les caractères qui semblaient rapprocher ces enclaves de fragments de schistes emballés dans la roche étaient de production secondaire.

Ce ne sont pas, d'autre part, des morceaux de schistes digérés par le magma et recristallisés, car les schistes qu'on trouve au contact des microgranites sont tout à fait différents et très peu modifiés. De plus, ces enclaves ne sont pas spécialement localisées près des salbandes schisteuses des filons ; on les trouve aussi bien près de la diabase quand celle-ci est en contact avec le microgranite ; enfin, nous allons voir qu'elles atteignent parfois une basicité telle qu'on ne comprendrait pas comment elles résulteraient de l'action d'un magma acide sur un schiste déjà acide lui-même.

Ce ne sont pas non plus des morceaux de diabase, car il y manque la chaux que nécessiterait une telle origine ; de plus, si le microgranite a pu produire dans les diabases des cristaux de quartz et d'albite, il n'y a jamais produit de feldspaths potassiques, alors qu'au contraire les enclaves en ont contenu.

Ces enclaves ne sont pas des ségrégations basiques datant des premiers temps de consolidation de la roche : en effet, les minéraux essentiels qui les composent, albite et biotite, sont de génération postérieure aux microclines, et leur ségrégation aurait dû s'opérer après la cristallisation de ceux-ci. On devrait donc y trouver le microcline avec la même abondance que dans le reste de la roche, alors qu'il y est d'une extrême rareté. De plus, les contours anguleux de l'enclave et son passage brusque au microgranite ne s'accordent pas bien avec l'idée d'une ségrégation.

L'hypothèse qui nous paraît la plus vraisemblable est que les enclaves des microgranites ardennais sont des fragments d'une roche éruptive profonde complétement métamorphosée par le microgranite.

Cette roche existait dans le magma à une époque où le microcline n'était pas complétement individualisé, et c'est pourquoi il a pu s'en produire dans sa masse.

Le magma avoisinant l'enclave a modifié la composition de celle-ci suivant ses moyens : la rendant plus sodique dans les régions à albite de substitution, plus potassique dans les régions à muscovite ; parfois se mélangeant assez intimement à elle pour qu'on y retrouve tous les caractères de la pâte du microgranite.

III. - Nature de la roche mère de l'enclave.

Cette roche est assez modifiée par le microganite pour qu'on n'y retrouve aucun des éléments qui auraient dû s'individualiser en dehors de l'action de celui-ci ; mais l'étude chimique éclaire singulièrement la question.

Je donne ci-après trois analyses correspondant aux trois types précédemment décrits et en plus l'analyse de la roche doléritique à albite qu'on trouve au contact de la diabase et du microgranite des Dames de Meuse, et dont l'aspect est identique à celui du deuxième type.

	Perte au feu.	SiO^2.	Al^2O^3.	Fe^2O^3.	FeO.	CaO.	MgO.	K^2O.	Na^2O.	Total.
a. 1ᵉʳ type.	5,8	46,0	21,3	0,0	12,3	0,6	8,2	1,6	3,9	99,7
b. 2ᵉ type..	2,0	62,7	19,6	5,0	»	1,2	2,2	0,6	8,0	101,3
c. 3ᵉ type..	1,5	66,2	15,4	7,0	»	1,5	1,0	5,8	2,5	100,9
d..........	3,2	63,2	16,2	6,8	»	1,4	4,9	0,6	4,2	100,5

$a =$ Enclave dans la roche analysée en D (type à albitisation très faible). Ravin des Dames de Meuse, gîte **13**.

$b =$ Enclave dans la roche analysée en K (type à albitisation forte), gîte **13**.

$c =$ Enclave dans la roche analysée en A (roche grise à muscovite), Mairus, gîte **3**.

$d =$ Roche doléritique au contact du microgranite et de la diabase, gîte **13**.

Ce qui frappe avant tout, c'est la basicité du premier type et sa forte teneur en magnésie et en fer.

On sait qu'au point de vue de la composition chimique, la biotite peut se comprendre comme la combinaison d'un orthosilicate tel que l'olivine et d'un élément feldspathique.

D'autre part, une expérience célèbre de Fouqué et Michel Lévy a montré que la fusion d'un mélange de biotite et de feldspath en certaines proportions fournissait un verre dans lequel, par recuit, peut cristalliser de l'olivine.

De sorte que nous sommes conduits à cette idée qu'une enclave telle que a était primitivement une roche à olivine. Le magma du microgranite, réagissant sur cette roche, l'aurait complètement transformée et par l'introduction de quantités variables d'alcalis et de silice aurait fourni les types tels que a, b, c, d.

On peut remarquer l'importance de la perte au feu qui résulte de la teneur en eau des biotites. Cette eau, qui est un des facteurs du métamorphisme de l'enclave, réagit dans

certains cas sur le microcline primitivement formé de façon
à le transformer en muscovite.

Il existe un certain nombre de roches dont la composition
chimique a quelques rapports avec la roche mère de ces
enclaves. J'en donne ci-dessous trois analyses empruntées au
Petrographisches Pracktikum, de Reinisch :

	SiO^2.	Al^2O^3.	Fe^2O.	FeO.	CaO.	MgO.	K^2O.	Na^2O.	H^2O.	Total.
1.	49,40	13,80	»	18,17	»	10,67	»	»	4,38	99,10
2.	42,80	»	»	9,40	»	47,38	»	»	0,57	100,15
3.	34,98	10,80	1,42	21,33	0,43	19,30	5,42	0,17	1,28	100,31

1° Sordawalite (Sordawala sur le lac Ladoga) = Verre de
diabase à olivine ;

2° Dunite (Dun Mountains, Mlle Zelande) ;

3° Péridotite à mica (Kaltes Tal, près Harzburg).

Ce qui rend nécessairement difficile l'assimilation de ces
roches aux enclaves des microgranites ardennais, c'est
l'absence complète de l'olivine dans celles-ci.

Il faudrait admettre que la digestion des enclaves a été
telle que pas un grain d'olivine n'y a échappé ; mais il
n'est pas nécessaire de supposer que le magma ait réagi sur
de l'olivine cristallisée. Il suffit que l'enclave ait eu la composition chimique de l'olivine. Elle pouvait se trouver à un état
de fusion complète quand le microgranite a commencé à la
transformer, la différence de viscosité des deux milieux
suffisant à empêcher leur mélange, de même qu'il n'y a pas
eu mélange de la diabase non consolidée et du microgranite
des Dames de Meuse ou des forges de Mairus.

Il est très difficile de dire d'où viennent les roches ayant produit ces enclaves : suivant les idées théoriques qu'on peut avoir sur l'origine des magmas éruptifs, on les considérera soit comme issues d'un magma différent de celui qui a produit le microgranite, soit comme un pôle de différenciation d'un magma dont le microgranite serait l'autre pôle.

Mais, quelque idée qu'on puisse avoir, il est intéressant de noter la grande parenté de ces enclaves avec les lamprophyres, et, s'il fallait leur donner une place dans une classification, nous les considérerions volontiers comme des lamprophyres non calciques.

CHAPITRE VII.

CONCLUSIONS RELATIVES AUX MICROGRANITES DU TYPE DE LA VALLÉE DE LA MEUSE.

I. — Caractéristiques.

Au point de vue chimique, ces microgranites appartiennent à des magmas non calciques.

La faible quantité de chaux donnée par l'analyse provient, soit de calcite adventive et de formation secondaire, soit de la présence de quelques cristaux d'apatite. Il n'entre aucune trace de chaux dans la composition de leurs feldspaths.

Au point de vue minéralogique, ils sont quartzifères et contiennent tous des phénocristaux d'albite et de microcline. Le seul feldspath de leur pâte est l'albite.

Le fait assurément le plus intéressant de leur histoire est l'antériorité de la cristallisation totale du microcline à tout autre élément. Ce microcline, d'un type spécial, ne présente que la macle suivant la loi de l'albite : il a la propriété de se transformer, dans certains cas, en albite avant que la pâte de la roche soit consolidée.

L'ancienneté des microclines et leur possibilité de s'albitiser, jointes à l'absence de chaux feldspathique dans le magma, sont les caractéristiques des microgranites que nous venons d'étudier.

Il est très remarquable que dans les microgranites à feldspaths calcosodiques, c'est-à-dire dans ceux qui contiennent de la chaux feldspathique, les feldspaths potassiques restent intacts. De sorte qu'il est permis de voir dans l'albitisation des microclines et le manque de chaux du magma une relation de cause à effet.

II. — Place de ces microgranites dans la classification.

Nous avons déjà dit qu'il y avait grande analogie entre nos microgranites et les kératophyres quartzifères des auteurs allemands.

Au point de vue minéralogique, les kératophyres contiennent toujours des phénocristaux d'albite.

Au point de vue chimique, ils sont alcalins et surtout riches en soude.

C'est Gümbel qui, le premier, a employé le nom de *kératophyre* pour une roche du Fichtelgebirge. Depuis, les kératophyres ont été définis d'une façon ou d'une autre, suivant les auteurs, mais toujours cette définition s'est appliquée à des roches qui possédaient les caractères que je viens d'indiquer.

Beaucoup de microgranites ardennais sont assez alcalins et particulièrement riches en soude, et à ce titre pourraient être considérés comme des kératophyres; mais d'autres microgranites tels que le microgranite de Genis (Corrèze) ne sont pas très alcalins et contiennent moins de soude que de potasse ; ils ont même teneur en alcalis que nombre de microgranites franchement calciques. Cependant leur composition minéralogique, en particulier la présence de l'albite et du microcline, la forme spéciale de celui-ci et sa possibilité d'être albitisée les rapprochent des microgranites ardennais.

De sorte qu'il m'apparaît que l'exemption de chaux de ces microgranites est un caractère beaucoup plus important que l'alcalinité de certains d'entre eux, et je suis par cela même amené à répudier cette classe des kératophyres allemands, incomplètement définie chimiquement, et à la remplacer par celle des *microgranites non calciques,* qui comprendra la plupart des kératophyres, mais aussi un grand nombre de porphyres quartzifères.

Les *microgranites non calciques* sont donc des microgranites à phénocristaux de feldspaths potassiques, presque toujours des microclines à un seul système de macle, et à phénocristaux d'albite, dont la teneur en chaux est à peu près nulle.

III. — Origine des microgranites non calciques.

La répartition géologique de ceux-ci est la même que celle des massifs granitiques. De plus, nous avons vu qu'au contact de certains granites on constatait des faits identiques à ceux que nous avons observés dans les microgranites non calciques : antériorité du feldspath potassique à l'albite ; albitisation du premier. De sorte qu'il semble évident qu'il y a communauté d'origine entre les microgranites non calciques et les granites proprement dits.

Ce n'est pas à dire pour cela que les microgranites non calciques doivent être nécessairement considérés comme des apophyses de massifs granitiques. Il se peut que dans certains cas le magma qui a produit un microgranite non calcique entre partiellement dans la composition d'un granite, et le premier apparaîtra comme une forme de bordure du second; mais la plupart du temps le microgranite ne dépendra d'aucune masse granitique, et nous concevons parfaitement l'existence de roches analogues à celles de la vallée de la Meuse sans qu'il nous semble indispensable de les relier à un réservoir profond de roches massives.

On a fait grand cas de la découverte d'un granite au Lammersdorf et l'on a voulu y voir la preuve que du granite existait en profondeur sous toute l'Ardenne. Or, le granite du Lammersdorf est filonnien et a la structure caractéristique d'une aplite. S'il y a de grandes chances pour que cette aplite soit issue d'une masse granitique située dans les environs du Lammersdorf, il n'est pas du tout prouvé de ce fait que ce granite existe en continuité sous le sol ardennais; et les microgranites de la vallée de la Meuse ne sont pas plus un argument en faveur de son existence que les diabases de la région n'en sont un en faveur de l'existence de masses profondes de roches basiques.

Dans la dernière édition de sa *Mikroskopische Physiographie,* Rosenbuch, abandonnant les idées qu'il s'était faites autrefois sur l'origine des kératophyres, les considère maintenant comme des formes d'épanchement de magmas alcalinocalcaires. Je ne veux pas discuter ici la question de savoir si tous les kératophyres allemands sont des roches d'épanchement, alors que nos microgranites non calciques sont pour la plupart des roches filonniennes non épanchées; mais je dois faire remarquer que le fait de se trouver dans des provinces de magmas alcalino-calcaires n'est pas une preuve que ces kératophyres soient issus de tels magmas, mais que la production de roches profondes alcalino-calcaires et la production des kératophyres sont deux effets d'une même cause.

L'alcalinité de certaines de ces roches a fait que beaucoup de pétrographes se sont étonnés de ne pas trouver à côté de l'albite, développée en abondance à l'état de phénocristaux ou dans la pâte, de métasilicates alcalins, comme cela a lieu dans les roches de la famille des syénites néphéliniques.

Cet étonnement n'a plus sa raison d'être si, comme nous l'avons fait, on considère le caractère alcalin de nos microgranites comme une conséquence du manque de chaux de leur magma.

Les métasilicates alcalins n'ont pas plus de raison de s'y développer que dans les aplites ou pegmatites habituelles des roches granito-dioritiques profondes.

Ces microgranites non calciques ont une étroite parenté avec les filons de pegmatite qui traversent beaucoup de roches massives acides ou basiques. Il semble que leurs origines soient identiques. Leur seule différence consiste uniquement en ce que le feldspath potassique et le feldspath sodique sont de formation contemporaine dans les pegmatites, tandis que dans nos microgranites le premier est totalement antérieur au second.

La différence de structure des deux espèces de roches est une conséquence de ce fait.

IV. — Évolution de la cristallisation des microgranites non calciques.

Il est impossible, dans l'état actuel de nos connaissances, de nous représenter ce qu'était le magma de ces microgranites avant leur consolidation ; mais il est un fait que l'étude nous a permis de mettre en évidence : c'est la diffusion des

alcalis dans la masse et hors de la masse du magma pendant
sa cristallisation.

Cela posé, nous avons vu que tout le feldspath potassique
cristallise avant aucun autre élément, puis qu'il se corrode
et s'albitise et par conséquent que les conditions d'équilibre
du magma changent. Il s'individualise alors des phénocristaux de quartz et d'albite ; ce quartz se corrode ; puis la pâte.
albite et quartz, cristallise.

La biotite paraît avoir cristallisé d'une façon continue
depuis l'époque de la corrosion du microcline jusqu'à la consolidation définitive de la roche.

Si la corrosion des feldspaths potassiques peut s'expliquer
par un changement d'état physique, par exemple un changement de pression produit par la mise en place du magma,
l'albitisation de ceux-ci ne peut s'expliquer que par un changement dans l'état chimique du magma.

Or l'étude de l'albitisation des microclines dans le microgranite de Genis nous apprend que la cristallisation de l'albite libre doit se faire après l'albitisation du microcline.

Si donc la corrosion des phénocristaux de microcline est
une conséquence de la mise en place du magma, il s'ensuit
que la cristallisation des phénocristaux de quartz et d'albite
s'est faite à la place même où nous trouvons aujourd'hui le
microgranite, puisqu'elle est au plus contemporaine de l'albitisation.

La corrosion du quartz ne peut donc s'expliquer par un
changement de pression. On peut supposer que la vitesse
relative de cristallisation du quartz et de l'albite a joué un
certain rôle, impossible du reste à préciser.

La pâte elle-même a cristallisé sans que le microgranite
ait subi de changement dans son état physique.

Il n'y a pas eu, semble-t-il, de hyatus dans la cristallisation à partir de la corrosion des microclines. Le véritable

hyatus se trouve entre l'époque de formation des phénocristaux de microcline et celle de la formation des phénocristaux d'albite et de quartz. Il serait donc absurde dans ce cas de baser la notion de deux temps de consolidation du magma sur la présence de phénocristaux dans une pâte.

V. — Actions exomorphes des microgranites non calciques.

Une partie du magma du microgranite peut se diffuser hors de la masse de celui-ci. C'est elle qui provoque la formation de quartz, d'albite et de biotite dans les roches situées au contact. Mais ces éléments peuvent se trouver individualisés à l'état même de roche massive.

Les *aplites porphyriques* et les *aplites euritiques* que M. Barrois a étudiées dans la rade de Brest en sont pour nous un exemple frappant.

L'aplite porphyrique est un microgranite à phénocristaux de microcline, d'albite, de quartz et de biotite, dans une pâte de quartz, albite et biotite.

Les microclines qui sont du type des microclines ardennais sont mouchetés de très peu d'albite.

L'aplite euritique est essentiellement composée d'albite et de quartz.

D'après les coupes données par M. Barrois, l'aplite porphyrique forme de grandes masses laccolitiques, tandis que l'aplite euritique se trouvé en une série de tout petits laccolites.

Au point de vue chimique, ces roches sont des microgranites non calciques :

	SiO^2.	Al^2O^3.	Fe^2O^3.	CaO.	MgO.	K^2O.	Na^2O.	Perte au feu.
Aplite porphyrique. (Ile Longue.)	73,0	15,20	1,86	0,56	1,01	4,14	3,44	1,25
Aplite euritique.... (Rostellec.)	71,20	17,60	1,74	0,76	1,17	0,85	6,20	1,37

Ces analyses présentent une grande analogie avec celles de nos microgranites ardennais. La première correspond à un type où les microclines sont peu ou point albitisés, la seconde à un type à forte albitisation ; mais dans les roches de la rade de Brest aucune albitisation ne s'est produite, et c'est une partie du magma émané de l'aplite porphyrique qui est venue remplir des vides à l'état de petites masses laccolitiques.

Comme dans le cas de tous les microgranites non calciques, le microcline a cristallisé en totalité avant tout autre élément. Il était formé dans la masse principale du magma lors de sa mise en place, et c'est pour cela que l'aplite euritique n'en contient pas.

Les éléments émanés du magma microgranitique peuvent donc indifféremment s'individualiser pour leur compte à l'état de roche massive ou se diffuser dans d'autres roches et devenir de ce fait des éléments métamorphiques de celles-ci, comme cela a lieu dans la vallée de la Meuse.

Dans les deux cas il existe une masse principale du magma qui se distingue par la présence du feldspath potassique.

Mais on peut parfaitement imaginer que l'action d'un tel magma puisse se faire sentir sur une roche avant que le microcline soit individualisé. Dans ce cas, les éléments du microcline pourront se retrouver à l'état d'éléments métamorphiques dans la roche ainsi métamorphisée.

Si cette roche est basique, il se produira de cette façon une série de types à faciès de kersantites ou de lamprophyres. Quant au microgranite lui-même, il pourra ne plus exister, ayant tout entier passé dans la roche métamorphisée.

VI. — Marche de l'altération des microgranites non calciques.

La biotite des microgranites non calciques reste longtemps intacte si ceux-ci contiennent des microclines ; elle s'altère plus rapidement au contraire s'ils n'en contiennent pas, c'est-à-dire si les microclines sont complètement albitisés.

L'albite libre des microgranites à microcline est fortement chargée de séricite ; celle des microgranites sans microcline l'est beaucoup moins.

Nous pouvons en conclure que la biotite, minéral potassique, résiste mieux aux altérations si le milieu dans lequel elle se trouve est riche en potasse, c'est-à-dire si les eaux qui circulent autour d'elle ont une composition voisine de la sienne.

Comme nous l'avons déjà fait remarquer, la séricite produite dans l'albite libre tient sa potasse de la destruction du microcline. La marche de l'altération est donc la suivante :

Le microcline se dissout partiellement sous l'action des eaux circulant dans la roche. Ses produits de dissolution contribuent à édifier de la séricite dans l'albite ; la biotite reste longtemps intacte.

Si le microcline manque, la biotite se chloritise et perd sa potasse, qui va servir à la production de la séricite.

Chose curieuse, et dont je n'ai pu trouver d'explication sérieuse, l'albite de substitution est beaucoup moins altérable que l'albite libre.

Au début de ce travail, nous avons défini une porphyroïde : une roche schisteuse qui contient des phénocristaux de quartz et de feldspath et dont la pâte a les caractères d'un sédiment ; et nous avons vu que la schistosité et l'allure sédimentaire de la pâte résultaient en grande partie de l'orientation des lamelles de séricite développées aux dépens des feldspaths de la pâte d'une roche éruptive.

Pour que des cristaux de feldspaths soient visibles, il faut donc que leur processus d'altération soit différent de celui des feldspaths de la pâte ; et c'est pourquoi nos microgranites, qu'ils contiennent ou non du microcline, présentent toujours, quand ils deviennent des porphyroïdes, des feldspaths parfaitement discernables.

RÉSUMÉ.

Ce travail comprend deux Parties très distinctes qui ont trait cependant l'une et l'autre à l'étude des mêmes roches.

Dans la première Partie j'ai recherché les caractères de similitude d'un certain nombre de roches appelées *porphyroïdes,* et j'ai mis en évidence leur diversité d'origine.

Le principal caractère des porphyroïdes, outre la présence de cristaux de quartz et de feldspaths visibles à l'œil nu, consiste en ce fait que leur pâte est composée pour une grande partie de lamelles de mica blanc orientées.

Une des porphyroïdes de Vendée étant mise à part (la porphyroïde de Saint-Pierre-du-Chemin, qui ne contient pas de feldspath), le mica qui constitue la pâte des autres porphyroïdes que nous avons étudiées est une muscovite verdâtre connue généralement sous le nom de *séricite.*

J'ai cherché à mettre en évidence l'origine de cette séricite et les causes de sa production.

Il était connu depuis longtemps que la séricite est un produit d'altération des feldspaths. J'ai exposé les raisons pour lesquelles il y a lieu de penser qu'elle est uniquement un produit d'altération des feldspaths sodiques ou calco-sodiques. On ne la trouve en effet dans les feldspaths potassiques que dans des roches contenant en même temps des feldspaths sodiques ; mais alors elle se produit aussi dans les fissures des cristaux de quartz et dans les vides de la roche, et joue par rapport aux uns et aux autres un rôle différent de celui qu'elle joue par rapport aux feldspaths sodiques.

Il semble paradoxal à première vue que la séricite, mica potassique, se produise surtout dans des feldspaths non potassiques, mais j'ai pu montrer que la différence des volumes moléculaires des feldspaths acides et de la séricite exigeait, pour qu'un feldspath se transforme entièrement en séricite, un certain apport d'alumine, et que par suite ce feldspath ne pouvait, avec ses propres ressources, se transformer en séricite ; l'alumine nécessaire, ne pouvant provenir dans les cas que nous avons considérés que d'un feldspath, est, de ce fait, accompagnée de la mise en liberté d'une certaine quantité d'alcalis.

La transformation en séricite débutant toujours dans les feldspaths sodiques, c'est que le surcroît d'alumine nécessaire ne provient pas d'eux ; il ne peut provenir que des feldspaths potassiques.

Il y a donc tout lieu de penser que la cause de la production de la séricite est dans la réaction des sels de potasse issus d'un feldspath potassique sur les sels de soude d'un feldspath sodique. J'ai pu mettre aussi en évidence que dans certains cas la séricite est un produit de transformation des verres alcalins, et de plus qu'elle n'est pas un minéral de transformation dynamométamorphique, mais qu'elle est due à la circulation lente des eaux.

La transformation des plagioclases en séricite et la résistance des feldspaths potassiques à cette transformation font que des roches massives contenant ces deux espèces de feldspaths peuvent devenir porphyriques.

Si une telle roche a subi des actions mécaniques, la circulation des eaux se faisant dans le sens même où celles-ci se sont produites, la séricite s'orientera en se développant et la roche acquerra, de cette façon, la structure schisteuse qui fera d'elle une porphyroïde.

C'est ce que nous avons constaté pour deux anciens granites

actuellement des porphyroïdes, à Mareuil-sur-le-Lay et à Ligugé.

Si la structure porphyrique est déjà acquise à la roche, comme il suffit de très peu de choses pour rendre la pâte schisteuse, on conçoit que ces roches soient particulièrement aptes à acquérir la structure des porphyroïdes. C'est le cas de la famille des microgranites. Nous en avons des exemples dans les Ardennes, sur la bordure ouest du massif central et à La Châtaigneraie, en Vendée.

Même si les actions mécaniques viennent à manquer, on pourra trouver des roches telles que la blaviérite de la Mayenne, que diverses considérations d'ordre géologique m'ont amené à considérer comme une roche volcanique épanchée, qui néanmoins ont acquis la structure *porphyroïde*. Il suffit que les conditions de gisement soient telles que les eaux aient pu circuler dans le sens même de la stratification de la couche de roche.

Une étude complète des porphyroïdes aurait exigé la considération d'un grand nombre d'autres roches désignées comme telles ; j'ai préféré me borner à quelques types qui m'ont permis de fixer, avec autant d'exactitude que ces matières le permettent, l'origine de la structure des principales porphyroïdes françaises.

L'étude détaillée de certaines d'entre elles m'a conduit à cette conclusion que beaucoup de légendes s'étaient greffées sur leur histoire.

En particulier, dans le cas des porphyroïdes de la vallée de la Meuse qui sont pour beaucoup de géologues français le type des porphyroïdes, je me suis aperçu que le caractère porphyroïde n'était pas constant ; qu'il existait toujours des équivalents *massifs* de chacun des types schisteux ; que jamais, contrairement à ce que jusqu'ici on avait cru constater dans tous les congrès de géologues, il n'y avait passage de la porphyroïde au schiste.

Enfin, bien servi par la chance, j'ai découvert une petite apophyse transversale issue d'une des masses de porphyroïde dont l'existence met maintenant hors de doute, à mon sens, l'origine intrusive de ces porphyroïdes et clôt de cette façon la longue série de discussions auxquelles elles ont donné lieu.

Des porphyroïdes telles que celles de la vallée de la Meuse méritaient d'être étudiées complètement.

Les variétés massives sont ce que dans la nomenclature moderne on a convenu d'appeler des *microgranites*; j'ai mis en évidence que ces microgranites étaient d'un type spécial, bien défini par l'ensemble de ses caractères chimiques et minéralogiques, et c'est leur étude que j'ai traitée dans la seconde Partie de mon travail.

J'ai proposé de réunir sous le nom de *microgranites non calciques* les microgranites du type des microgranites ardennais.

Ces microgranites non calciques, outre l'absence à peu près complète de chaux, possèdent les caractères suivants :

1° Ils contiennent des microclines d'un type spécial qui ne possède que la macle suivant la loi de l'albite ;

2° Ces microclines ont cristallisé en totalité dans le magma avant tout autre élément ;

3° Ces microclines ont eu la possibilité de se transformer en albite ; il s'est produit à leurs dépens de l'*albite de substitution* à côté d'*albite libre* qui parfois se produit en outre à l'état de phénocristaux isolés ;

4° La pâte de ces microgranites est essentiellement composée de quartz et d'albite; on y trouve de la biotite en proportions variables ;

5° Dans certains cas, l'albitisation des microclines est connexe de transports de soude et de potasse dans le magma en voie de cristallisation.

Ces microgranites non calciques ainsi définis comprennent

beaucoup des microgranites ou porphyres quartzifères des auteurs français, la plupart des kératophyres des auteurs allemands et un certain nombre des roches qui ont fourni des porphyroïdes.

Il est important de remarquer que le microcline sous la forme que nous avons décrite est extrêmement répandu dans les microgranites de ce type. Il y a tout lieu de croire que vu son aspect on l'a souvent pris pour de l'anorthose. Il s'en distingue nettement par ses angles d'extinction.

J'ai été conduit à étudier les actions exomorphes de ces microgranites non calciques et, d'une façon spéciale, leur action sur des roches basiques vertes (diabases ou micro-gabbros) en voie de cristallisation.

Enfin, l'étude des enclaves des microgranites de la vallée de la Meuse m'a amené à discuter l'origine profonde de ces roches.

Je me suis toujours servi des mêmes méthodes de recherches : l'examen microscopique, après l'observation sur le terrain, et l'analyse chimique.

Vu et approuvé :

Paris, le 17 mai 1909.

Le Doyen de la Faculté des Sciences,

Paul APPELL.

Vu et permis d'imprimer :

Paris, le 17 mai 1909.

Le Vice-Recteur de l'Académie de Paris,

L. LIARD.

SECONDE THÈSE.

PROPOSITIONS DONNÉES PAR LA FACULTÉ.

Physiologie. — Spécificité des ferments des hydrates de carbone.

Botanique. — Action du calcaire sur la distribution des végétaux.

Vu et approuvé :
Paris, le 17 mai 1909.
LE DOYEN DE LA FACULTÉ DES SCIENCES,
PAUL APPELL.

Vu et permis d'imprimer :
Paris, le 17 mai 1909.
LE VICE-RECTEUR DE L'ACADÉMIE DE PARIS,
L. LIARD.

43526 Paris. — Impr. GAUTHIER-VILLARS, quai des Grands-Augustins, 55.

Étude comparative de quelques porphyroïdes françaises.

(Cliché Monpillard.)

Fig. 1. — Gr. = 30ᵈ.
Albite de substitution provenant de l'albitisation complète du microcline.
(Vallée de la Meuse, gîte du barrage de Laifour.)

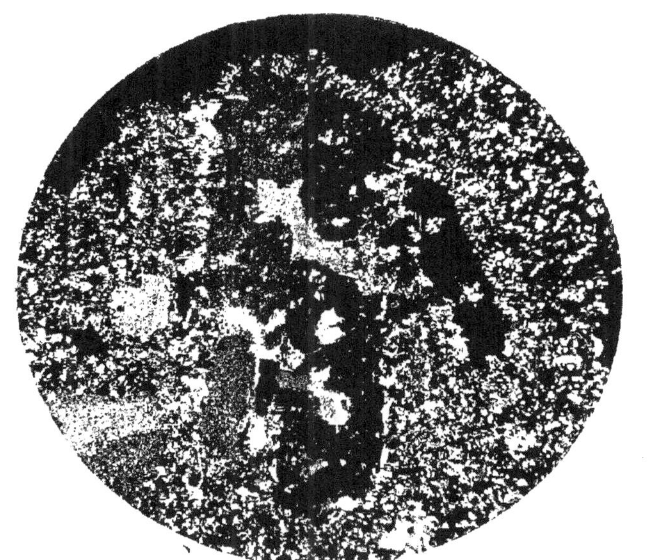

(Cliché Monpillard.)

Fig. 2. — Gr. = 35ᵈ.
Microcline faiblement albitisé. On voit les taches d'albite de substitution
dont les macles sont dans la position d'éclairement commun traverser
les deux individus de microcline maclés suivant la loi de Carlsbad.
(Vallée de la Meuse, gîte des Dames de Meuse, gîte 13, type moyen.)

Étude comparative de quelques porphyroïdes françaises.

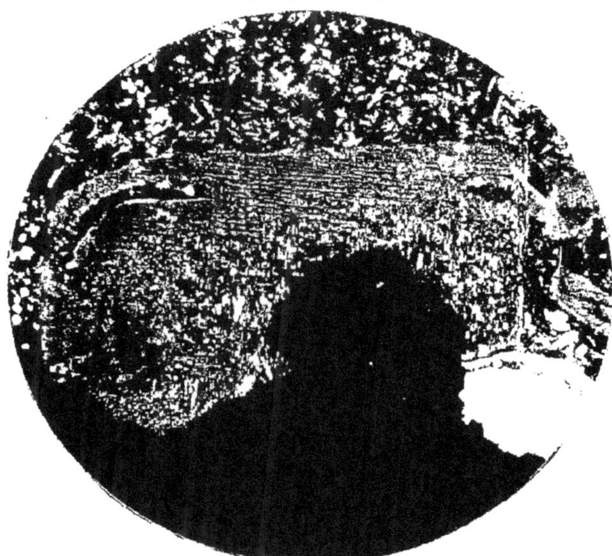

Cliché Monpillard.

Fig. 1. — Gr. : 35°.

Albite de substitution montrant la coexistence des phénomènes de corrosion et d'albitisation des microclines. A la partie supérieure du cristal les plages intrusives de quartz parallèles aux plans de clivage p du microcline apparaissent sous formes de lignes noires.
(Vallée de la Meuse. Echantillon provenant d'un bloc situé non loin du gîte 5 en amont, rive gauche.)

Cliché Monpillard

Fig. 2. — Gr. : 35°.

Cristal d'albite libre dans le microgranite (porphyroïde) du gîte de la commune (rive gauche), gîte 5. (Type à albitisation complète.) Vallée de la Meuse.

Étude comparative de quelques porphyroïdes françaises.

Cliché Monpillard.

Fig. 1. — Gr. … Sol.

Microcline à une seule espèce de macle ayant subi un commencement
d'albitisation. Les individus du microcline sont gris clair et blanc. Ceux
de l'albite de substitution sont gris et noir, bordés de noir. Les trai-
nées noires sont du microcline non albitisé à macles très fines un peu
altéré. (Vallée de la Meuse, gîte des Dames de Meuse, gîte 15, type
moyen.) Clivage p des feldspaths roses.

Cliché Monpillard

Fig. 2. — Gr. … Sol.

Même préparation que figure 1. Mais l'albite est à l'éclairement commun.
Elle apparaît en blanc. Le microcline est gris et noir.

Étude comparative de quelques porphyroïdes françaises.

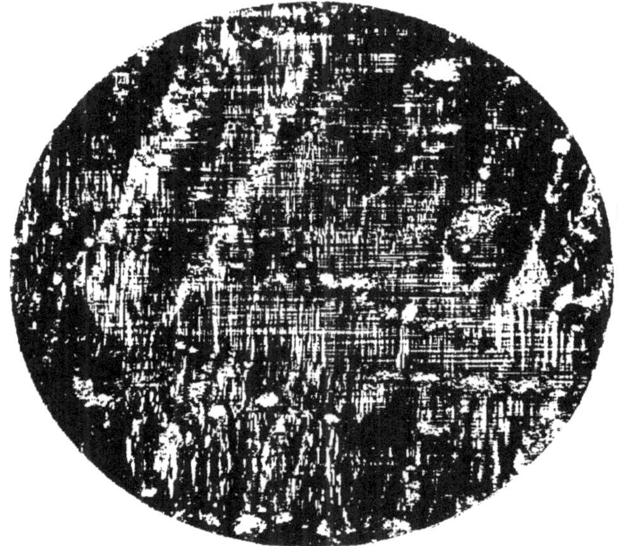

Cliché Monpillard.

Fig. 1. — Gr. 75.

Microcline du type jamais albitisé du gîte des forges de Mairus montrant
la différence de structure avec le précédent. Il possède le quadrillage
caractéristique et les veinules d'albite habituelles. (Vallée de la Meuse,
gîte des forges de Mairus, gîte 1.) Clivage p des gros cristaux.

Cliché Monpillard.

Fig. 2. — Gr. 30.

Enclave dans le microgranite d'un type à albitisation complète aux Dames
de Meuse. Les cristaux allongés de feldspaths sont uniquement constitués par de l'albite. La chlorite à peu près isotrope n'apparaît pas. Vallée
de la Meuse (gîte 13).

Étude comparative de quelques porphyroïdes françaises.

Cliché Moupillard.

Fig. 1. — Gr. 40ᵈ.

Albite de substitution provenant de l'albitisation complète d'un microcline dans la porphyroïde de Puybelliard (Vendée).

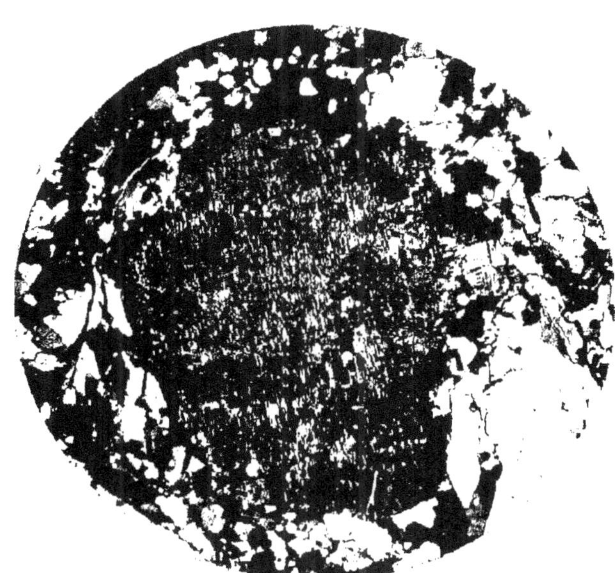

Cliché Moupillard.

Fig. 2. — Gr. 30ᵈ.

Albite de substitution dans un schiste micacé feldspathique contenant en
outre des cristaux d'albite libre. Au contact du granite de Corgnac
(massif granitique de Thiviers) (Dordogne).